Beitrag zur Bestimmung der Formveränderung gekröpfter Kurbelwellen

von

Georg Duffing,
Ingenieur.

Mit 18 Textfiguren und 2 lithographischen Tafeln.

Springer-Verlag Berlin Heidelberg GmbH 1906

Additional material to this book can be downloaded from http://extras.springer.com

ISBN 978-3-662-39234-8 ISBN 978-3-662-40248-1 (eBook)
DOI 10.1007/978-3-662-40248-1

Vorwort.

Die Ermittelung der statisch nicht bestimmbaren Auflagereaktionen mehrfach gelagerter, gekröpfter Kurbelwellen ist wohl zunächst gefordert worden durch das Bedürfnis der genauen Verfolgung der Materialanstrengung in diesen Maschinenteilen.

Die Lösung jener Aufgabe, welcher eine Untersuchung der Formveränderung unter der Einwirkung gegebener Kräftesysteme vorausgehen muß, wurde durch verschiedene bis heute vorliegende Arbeiten angestrebt und insbesondere durch M. Enßlin in gründlicher Weise zahlenmäßig an gegebenen Wellen dargelegt, sowie von genanntem Verfasser zur eingehenden Diskussion dieser Wellen benutzt. Die Wichtigkeit der Erkenntnis der Formveränderung bei Beurteilung einer Maschinenwelle, die in erwähnter Arbeit in treffender Weise hervorgehoben ist, wird heute in Fachkreisen kaum mehr unterschätzt werden.

Wenn hier zwecks allgemeiner Untersuchung der Deformation an Stelle der Auflagereaktionen in den Stützpunkten (Lagerstellen) die Biegungsmomente daselbst als statisch unbestimmte Größen eingeführt wurden, so geschah es, weil auf diesem Wege die Rechnungsergebnisse sich in einfacher Form darstellen lassen. Daß die hierauf gegründete schematische Zahlenrechnung auch Vorteile bei Dimensionierung von neu zu entwerfenden Wellen bietet, ist an einem Beispiel gezeigt. Auf die Notwendigkeit der Beschaffung der experimentellen Grundlagen über das Verhalten der Übergangsstellen von den Kurbelarmen in Schaft und Zapfen glaubte ich an Hand einfacher Belastungsfälle besonders hinweisen zu müssen.

Die allgemeine Untersuchung ist mit Aufstellung der Beziehung (16) erledigt und wurde die Rechenarbeit zur Bestimmung der Auflagemomente so weit durchgeführt, daß die zahlenmäßige Ermittelung genau wie beim kontinuierlichen geraden Balken erfolgen kann. Konstruktionsregeln resp. Grundlagen für die Dimensionierung der Wellen zu geben, ist nicht beabsichtigt, da dies nur möglich ist mit Rücksicht auf den besonderen Zweck, welchem die Welle zu dienen hat. Wenn als Rechnungsbeispiel die Welle eines Hochofengasmotors herangezogen wurde, so geschah es, um an einem möglichst einfachen Fall aus einer Gattung von Maschinenelementen, welche bei den durch die Größe der Kräfte bedingten bedeutenden Abmessungen eine eingehende Untersuchung verlangen, die allgemeine Methode zu erläutern. Anschließend an dies Beispiel ist auf zwei Tafeln die Aufzeichnung der deformierten Mittellinie der durch je eine Kraft 1 in Mitte Kurbelzapfen (in der Ebene der Kröpfung und senkrecht dazu) belasteten Welle durchgeführt. Eine nähere Erläuterung über die Ermittelung der statischen Momente der eingezeichneten Momentenfläche, welche zur Berechnung der Abweichung der elastischen Linie von der Tangente an der Mittelstütze dienen, schien mir nicht erforderlich, dagegen erachtete ich eine Zusammenstellung der wichtigsten Ergebnisse der Untersuchung für den Gebrauch beim praktischen Rechnen kaum als entbehrlich.

Darauf hinweisen möchte ich noch, daß die ganzen Betrachtungen auch beim Verschwinden aller Kurbelarme nicht alteriert werden, so daß die erhaltenen Resultate auch ohne weiteres (sämtliche k gleich Null) zur Bestimmung der Deformation einer geraden Welle von veränderlichem Durchmesser benutzt werden können.

Herrn F. Lämmermann sei für Beihilfe bei der Korrektur hier gedankt.

Mülheim, den 6. Mai 1906.

Georg Duffing.

Die Berechnung der Formveränderung einer gekröpften Kurbelwelle gründet sich auf die Resultate der Untersuchungen über die Deformation gerader Stäbe, welche als Elemente der Welle den Wirkungen der belastenden Kräfte nebst den von benachbarten Teilen herrührenden Spannungen unterworfen werden. Da es sich bei der vorliegenden Untersuchung nur um die Deformation der materiellen Mittellinie der Welle handelt, so sind nur wenige dieser Ergebnisse in den Bereich unserer Betrachtung zu ziehen.

Als bekannt vorausgesetzt werden die beiden Hilfssätze aus der Elastizitätstheorie des geraden Stabes, welche aus der Fundamentalgleichung

$$E\,J\,y'' = M \text{ folgen,}$$

$$\text{mit } y'' = \frac{d^2 y}{d x^2}$$

$$y' = \frac{d y}{d x}$$

nämlich $$E\,J\,\varphi = E\,J\,(y' - y_0') = \int_{x_0}^{x} M\,d\,\xi \quad . \quad . \quad . \quad (1)$$

und $$E\,J\,u = E\,J\,[y - y_0 - (x - x_0)\,y_0'] = \int_{x_0}^{x} (x - \xi)\,M\,d\,\xi \quad (2)$$

worin das Biegungsmoment M Funktion der laufenden Entfernung ξ von irgend einem Anfangspunkt der Stabmittellinie bedeutet. φ ist der endliche Kontingenzwinkel der Tangenten der elastischen Linie in den Punkten x und x_0, u die Abweichung des Punktes x von der Tangente der elastischen Linie in x_0, und zwar in der Richtung der positiven y-Achse bei positivem Wert von u, wenn der Wert des Biegungsmomentes M als äußere Kraft an dem Stabteil $\xi\, x$ $(x_0 < \xi < x)$ aufgefaßt, positiv angenommen wird für einen Drehungssinn, der die positive y-Achse auf dem kürzesten Wege mit der positiven x Achse zur Deckung bringt.

Für einen Stab von variablem Querschnitt, wo also auch J eine Funktion von ξ ist, modifizieren sich obige Formeln, wenn J_0 ein beliebiges Trägheitsmoment, auf das Bezug genommen wird, bedeutet, und $\frac{J_0}{J} = n$, wo n Funktion von ξ ist, in

$$E J_0 \varphi = \int_{x_0}^{x} n\, M\, d\,\xi = E J_0 (y' - y_0') \quad . \quad . \quad . \quad . \quad . \quad . \quad (3)$$

$$E J_0 u = \int_{x_0}^{x} n\, M\,(x - \xi)\, d\,\xi = E J_0 [y - y_0 - (x - x_0)\, y_0'] \qquad (4)$$

Diese beiden Gleichungen folgen aus der Fundamentalgleichung $E J_0 y'' = \frac{J_0}{J} M = n\, M$ leicht auf folgendem Wege: Wenn $n\, M$ in Form einer analytischen Funktion von x gegeben ist, so ist das erste Integral dieser Differentialgleichung:

$$E J_0 y' = \int n\, M\, dx + C.$$

Ist $n\, M$ jedoch nicht in einer solchen Form gegeben, so genügt der Fundamentalgleichung als erstes Integral

$$E J_0 y' = \int_{x_0}^{x} n\, M\, d\,\xi + C$$

und ist zu bemerken, daß $\int_{x_0}^{x} n\, M\, d\,\xi$ eine stetige Funktion von x ist, selbst in dem Falle, daß $n\, M$ eine Anzahl Unstetigkeitsstellen besitzt, wo n seinen (endlichen) Wert sprungweise ändert (plötzliche Übergänge im Wellenquerschnitt). Das zweite Integral der Fundamentalgleichung wird

$$E\,J_0\,y = \int_{x_0}^{x} d\zeta \int_{x_0}^{\zeta} n\,M\,d\xi + C\,x + C_1.$$

Durch partielle Integration erhält man mit

$$\frac{d}{d\zeta}\int_{x_0}^{\zeta} n\,M\,d\xi = n\,M,$$

$$E\,J_0\,y = x\int_{x_0}^{x} n\,M\,d\xi - \int_{x_0}^{x} \zeta\,n\,M\,d\zeta + C\,x + C_1,$$

oder $E\,J_0\,y = \int_{x_0}^{x} n\,M\,(x-\xi)\,d\xi + C\,x + C_1$ durch Zusammenfassung der beiden bestimmten Integrale.

Durch Bezug der beiden willkürlichen Konstanten auf den Punkt x_0 ergeben sich die Integralgleichungen in Form (3) und (4).

Hierin bedeutet $\int_{x_0}^{x} n\,M\,d\xi$ den zwischen den zu x_0 und x gehörigen Ordinaten enthaltenen Inhalt der mit n reduzierten Momentenfläche und ferner $\int_{x_0}^{x} n\,M\,(x-\xi)\,d\xi$ das statische Moment dieser Fläche in bezug auf die Ordinate des Punktes x.

Gebrauch gemacht wird ferner von der Formel für den Verdrehungswinkel eines geraden Stabes, insbesondere bei konstantem rechteckigem Querschnitt von den Seiten b und h.

$$\vartheta = 3{,}6\,\frac{b^2+h^2}{b^3\,h^3}\;\frac{M}{G}$$

wo G der Schubelastizitätsmodul, und ferner bei kreisförmigem Querschnitt

$$\vartheta = \frac{1}{2\,J}\;\frac{M}{G} = \frac{32}{\pi\,d^4}\;\frac{M}{G}.$$

Für dic weitere Betrachtung sei ein rechtwinkeliges Koordinatensystem x, y, z vorausgesetzt, dessen x-Achse einen kleinen Winkel mit der ursprünglich geraden Stabachse bildet, derart, daß stets $\varphi = \sin\varphi = \operatorname{tg}\varphi$, $\cos\varphi = 1$ gesetzt werden kann und dessen xz-Ebene mit der Ebene des undeformierten Kurbelblattes (resp. Kurbelkröpfung) ebenfalls einen kleinen Winkel, bei welchem die oben angeführten Bedingungen erfüllt sind, einschließt gemäß Fig. 1.

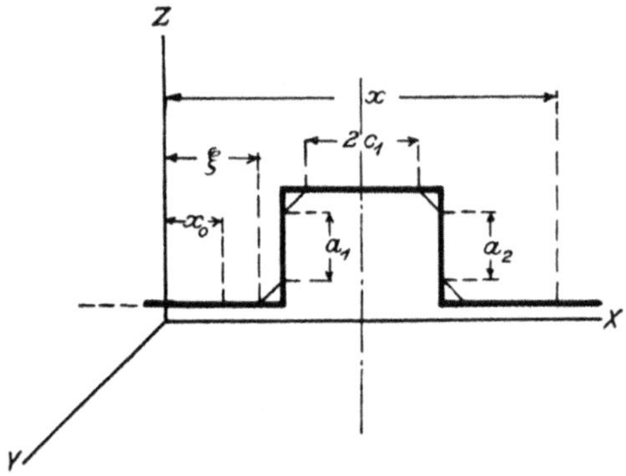

Fig. 1.

Die Kräftereduktion für den Punkt ξ der Stabachse, aufgefaßt als System der äußeren Kräfte, angreifend am Stabteil $x_0\,\xi$ und äquivalent mit dem System der inneren Flächenkräfte im Querschnitt ξ, angreifend am Stabteil $\xi\,x$, sei nach Richtung und Sinn festgelegt gemäß Fig. 2. Die Achsenmomente der Kräftepaare M, N und O seien in dem Sinne als positiv angenommen, daß, von der Spitze **T** nach dem Fuße gesehen, das Kräftepaar rechtläufig (im Uhrzeigersinne) dreht. V und W seien die Komponenten der resultierenden Transversalkraft nach den Richtungen bzw. der z- und y-Achse während die Komponente nach der x-Achse $= o$ vorausgesetzt ist.

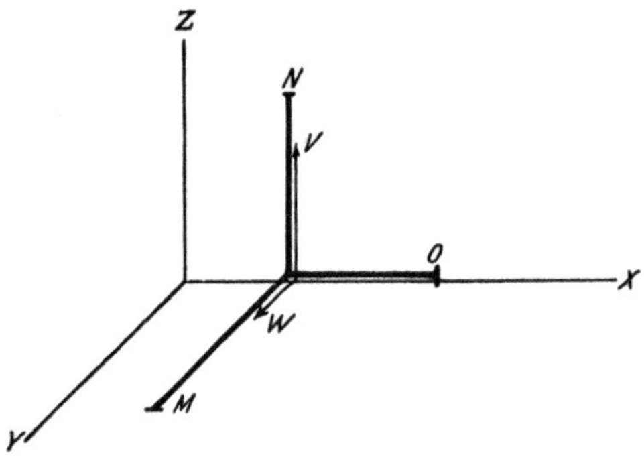

Fig. 2.

Für die Untersuchung der Projektion der elastischen Linie auf die xz-Ebene kommt in Betracht das Moment M

und die Schubkraft V; für die Projektion auf die xy-Ebene das Moment N, die Schubkraft W und das Moment O, letzteres in Bezug auf das Verhalten der Kurbelwelle gewöhnlich als Torsionsmoment bezeichnet. Diese Projektionen können als elastische Linien, hervorgerufen durch die oben genannten Kräftesysteme, aufgefaßt werden, und sind die Abweichungen der Projektionen des Punktes x von den Projektionen der Tangente in x_0, welche mit v für die xz-Ebene, w für die xy-Ebene bezeichnet seien, gemäß Fig. 3 als positiv anzunehmen. Es gelten dann die Gleichungen

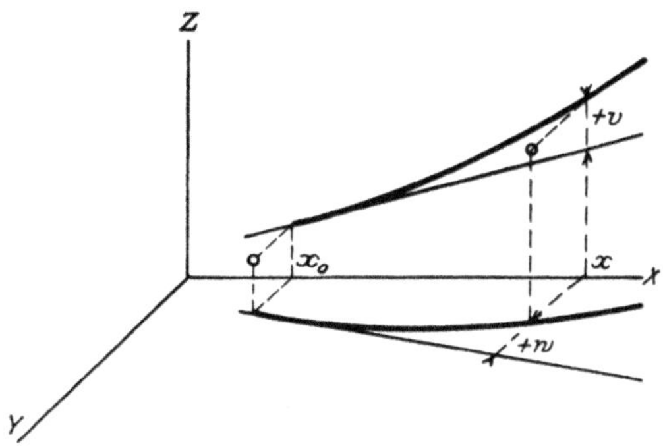

Fig. 3.

$$+v = z - z_0 - (x - x_0)\, z_0' \quad . \quad . \quad . \quad . \quad (5)$$

$$-w = y - y_0 - (x - x_0)\, y_0'$$

$$\text{oder } w = -y + y_0 + (x - x_0)\, y_0' \quad . \quad . \quad . \quad (6)$$

wenn mit xyz die Koordinaten eines Punktes der elastischen Linie bezeichnet werden.

Zunächst sei vorausgesetzt, daß die Strecke $x_0\, x$ der Welle nur eine Kröpfung enthält. Es seien

$B_0 B_1 B_1' B_2' B_2 B$

und $C_0 C_1 C_1' C_2' C_2 C$

die Projektion der deformierten Welle

$A_0 A_1 A_1' A_2' A_2 A$

auf die xy- bzw. xz-Ebene.

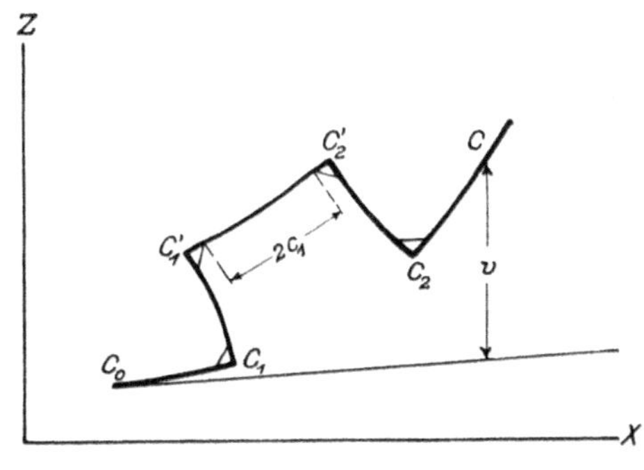

Fig. 4.

Betrachtet sei zunächst die Projektion auf die xz-Ebene, in Fig. 4 verzerrt gezeichnet.

Der Betrag von v setzt sich zusammen aus Einzelbeträgen, zunächst herrührend von der Deformation von $C_0 C_1$ allein, während die Ergänzung $C_1 C$ starr bleibt. Hierzu kommt der Betrag, herrührend von der Deformation $C_1 C_1'$, dann $C_1' C_2'$ usw.

Der erste dieser Werte berechnet sich zu

$$E J_0 v_{01} = \int_{x_0}^{x_1} n M (x - \xi) d \xi + \int_{x_1}^{x} n M (x - \xi) d \xi$$

und ist im zweiten Teil wegen Starrheit von $C_1 C$ $n = 0$ zu setzen. Dann schreibt sich

$$E J_0 v_{01} = \int_{x_0}^{x_1} n M (x - \xi) d \xi .$$

Wenn an dem Teil $C_0 C_1$ gewisse Stellen als starr anzusehen sind (Übergang in den Arm), so nimmt für die betr. ξ die Funktion n den Wert o an.

Der Einfluß von $C_1 C_1'$, an welchem das Moment M (speziell für diese Stelle mit M_1 bezeichnet) eine Neigung der Tangenten in C_1 und C_1' gegeneinander um den Winkel α_1 verursacht, beträgt $E J_0 (x - x_1) \cdot \alpha_1$ und ist zu $E J_0 v_{01}$ zu addieren.

Für die Strecke $C_1' C_2'$ hat man

$$E J_0 v_{12} = \int_{x_1}^{x_2} n M (x - \xi) d \xi, \quad \text{und}$$

ferner $E J_0 (x - x_2) \alpha_2$ nebst $E J_0 v_2 = \int_{x_2}^{x} n M (x - \xi) d \xi$ zu addieren.

Der Kontingenzwinkel des Armes $C_1 C_1'$ berechnet sich zu

$$E J_0 \alpha_1 = \frac{J_0}{J_1} M_1 a_1 ,$$

wo a_1 die wirksame Armlänge (also abzüglich der etwa als steif zu betrachtenden Endstücke) bedeutet. Ebenso ist für $C_2 C_2'$

$$E J_0 \alpha_2 = \frac{J_0}{J_2} M_2 a_2 .$$

J_1 und J_2 sind die Trägheitsmomente der Kurbelarmquerschnitte

$$J_1 = \frac{1}{12} b_1 h_1^3, \; J_2 = \frac{1}{12} b_2 h_2^3,$$

wo h die Dimension parallel zur Achse, b die dazu senkrechte Dimension bedeutet.

Nun wird

$$E J_0 v = \int_{x_0}^{x_1} n M (x - \xi)\, d\xi + (x - x_1) \frac{J_0}{J_1} M_1 a_1$$

$$+ \int_{x_1}^{x_2} n M (x - \xi)\, d\xi + (x - x_2) \frac{J_0}{J_2} M_2 a_2$$

$$+ \int_{x_2}^{x} n M (x - \xi)\, d\xi ,$$

oder wenn man die 3 $\int$ zusammenzieht:

$$E J_0 v = \int_{x_0}^{x} n M (x - \xi)\, d\xi + (x - x_1) \frac{J_0}{J_1} M_1 a_1 + (x - x_2) \frac{J_0}{J_2} M_2 a_2 .$$

Mit $\frac{J_0}{J_1} \cdot a_1 = k_1$, $\frac{J_0}{J_2} a_2 = k_2$ schreibt sich kürzer

$$E J_0 v = \int_{x_0}^{x} n M (x - \xi)\, d\xi + \Sigma k_p M_p (x - x_p) \quad . \quad (7)$$ [1]

Der erste Teil des Ausdrucks von v stellt die Abweichung dar, welche das System MV an dem geraden Stabe erzeugen würde, der entsteht, wenn der Kurbelzapfen in das Wellenmittel verschoben würde, der zweite Teil rührt von der Kröpfung der Welle her.

---

[1]) Dieser Ausdruck gilt auch für beliebig viele zwischen x_0 und x enthaltene Kröpfungen; z. B. teilt bei 2 Kröpfungen die Tangente in einem Punkt x_1 zwischen denselben die Strecke v in zwei Teile v_1 und v_2 derart, daß

$$E J_0 v_1 = \int_{x_0}^{x_1} n M (x - \xi)\, d\xi + \sum_{x_0}^{x_1} k_p M_p (x - x_p)$$

$$E J_0 v_2 = \int_{x_1}^{x} n M (x - \xi)\, d\xi + \sum_{x_1}^{x} k_p M_p (x - x_p)$$

und folgt durch Addition wieder die Relation (7). Auch gilt die Beziehung, wie aus obigem hervorgeht, für die durch Parallelverschiebung zum Anschluß an die Wellenmittellinie gebrachte elastische Linie des Kurbelzapfens.

Betreffs der Horizontalprojektion resp. Projektion auf die xy-Ebene $B_0\,B_1\,B_1{}'\,B_2{}'\,B_2\,B$ (Fig. 5, Darstellung eines deformierten Kurbelblattes durch rechtwinklige Projektion auf die drei Koordinatenebenen) ist zu bemerken, daß die Momente N eine biegende Wirkung auf Welle und Kurbelzapfen, sowie eine Verdrehung der Kurbelarme bewirken, während die Momente O, welche bei Verlegung der Kräftereduktion längs der Kurbelarme durch die Schubkräfte W verändert werden,

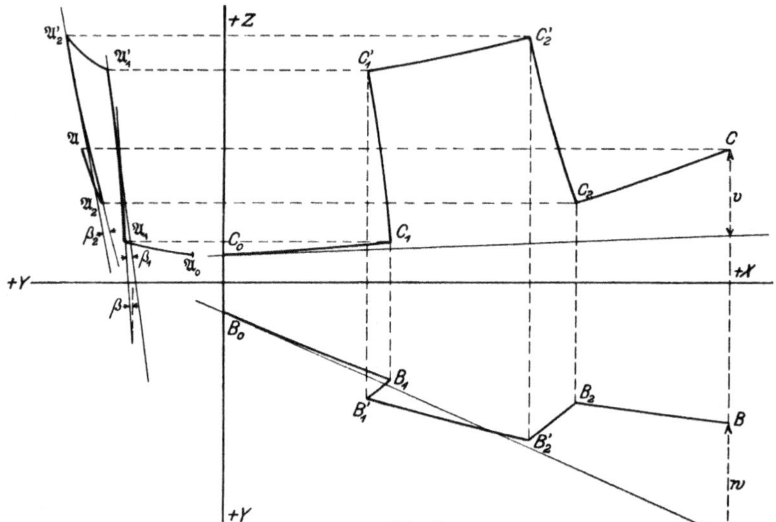

Fig. 5.

außer einer Verdrehung des Schaftes und Kurbelzapfens eine Biegung der Kurbelarme zur Folge haben.

Der von den Momenten N herrührende Anteil von $E\,J_0\,w$ wird genau wie im vorhergehenden bei Moment M gebildet, an die Stelle der Biegungswinkel α_1 und α_2 treten die Torsionswinkel γ_1 und γ_2 der Kurbelarme $A_1\,A_1{}'$ und $A_2\,A_2{}'$. Das Torsionsmoment N_1 bleibt bei Verlegung der Kräftereduktion längs des Armes $A_1\,A_1{}'$ konstant, da nur W einen Anteil zur Veränderung von O beiträgt. (Voraussetzung ist, daß auf Kurbelarmmitte keine äußeren Kräfte angreifen, so daß selbst etwaige von Gegengewichten herrührende Schwer- oder Massenkräfte um einen verschwindend kleinen Betrag von ihren Angriffspunkten hinweg in die Richtungen $A_1\,A_0$ und $A_2\,A$ längs der materiellen Wellenmittellinie verschoben zu denken sind, mithin in der Kräftereduktion auf Punkt A_1 die Wirkungen etwaiger Gegengewichte enthalten sein sollen.

Die gedachte verschwindend kleine Verschiebung erleichtert die Gruppierung der Kräfte (siehe Beispiele) bei Bildung der Kräftereduktion für die Mitten der Kurbelarme.

Schreibt man die Relation für den Torsionswinkel

$$\gamma_1 = 3{,}6 \frac{b_1^2 + h_1^2}{b_1^3 h_1^3} \frac{N_1}{G} \cdot a_1$$

in der Form $$E J_0 \gamma_1 = 3{,}6 \frac{E}{G} \frac{b_1^2 + h_1^2}{b_1^3 h_1^3} J_0 \cdot a_1 N_1$$

$$= k_1' N_1,$$

so ist zu setzen

$$k_1' = 3{,}6 \frac{E}{G} \frac{b_1^2 + h_1^2}{b_1^3 h_1^3} J_0 \cdot a_1$$

$$= 3{,}6 \frac{E}{G} \frac{b_1^2 + h_1^2}{b_1^3 h_1^3} k_1 \cdot J_1 \quad \text{und} \quad J_1 = \frac{1}{12} b_1 h_1^3,$$

also $$k_1' = 0{,}3 \frac{E}{G} \left(1 + \frac{h_1^2}{b_1^2}\right) \cdot k_1 \quad . \quad . \quad . \quad . \quad . \quad . \quad . \quad . \quad . \quad . \quad (8)$$

Bei einem Material von $E = 2200000$, $G = 850000$ wird

$$k_1' = \frac{1}{1{,}29} \left(1 + \frac{h_1^2}{b_1^2}\right] k_1$$

und speziell $k_1' = k_1$ für $b_1 = 1{,}85\, h_1$.

Nach dem Vorhergehenden schreibt sich nun der Anteil von $E J_0 w$, welcher von dem N herührt in der Form

$$\int_{x_0}^{x} (x - \xi)\, n\, N\, d\xi + \sum k'_p N_p (x - x_p).$$

Dieser Ausdruck wird noch vermindert um einen Anteil, welcher von der Biegung der Kurbelarme durch die Elemente O und W und der Verdrehung des Kurbelzapfens herrührt, während die Verdrehung des Schaftes ohne Einfluß bleibt. Dieser Anteil wird in der Figur durch die Differenz der Projektionen (resp. Projektion $v \cdot A_1 A_1' + A_2' A_2$) der Arme $A_1 A_1'$ und $A_2 A_2'$ auf die y-Achse dargestellt.

Zur Ermittelung dieser Beträge sei die Projektion auf die yz-Ebene genauer betrachtet (Fig. 6). $\mathfrak{A}_0 \mathfrak{A}_1$ usw. seien die

Projektionen von $A_0 A_1$ usw. Es sei dann β der Winkel der Tangente in $\mathfrak{A}_1$ mit der z-Achse β_1 der endl. Kontingenzwinkel der Projektion des Armes $A_1 A_1'$, β_2 der endl. Kontingenzwinkel der Projektion des Armes $A_2 A_2'$. Dann ist die Projektion von $A_1 A_1'$ (resp. $\mathfrak{A}_1 \mathfrak{A}_1'$) auf die y-Achse $\beta(e_1 + a_1 + e_1') + u_1'$ und die Projektion von $A_2 A_2' (\beta + \beta_1 + \vartheta + \beta_2)(e_2 + a_2 + e_2') - u_2'$

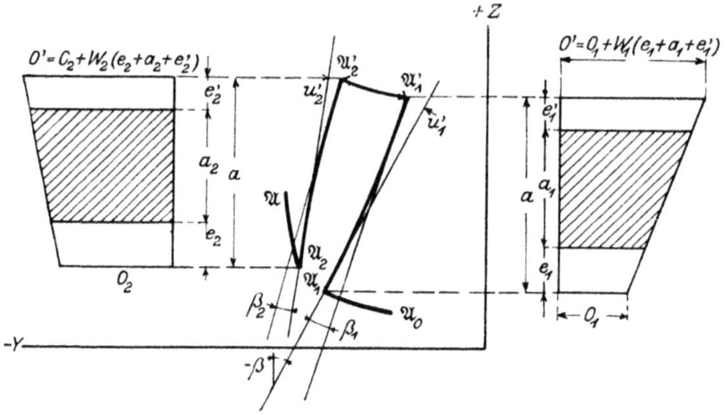

Fig. 6.

und der entsprechende Anteil in $E J_0 w$ ist gleich der Differenz zwischen dem ersten und zweiten Ausdruck, also gleich

$$E J_0 [u_1' + u_2' - (\beta_1 + \beta_2 + \vartheta)(e_2 + a_2 + e_2')]$$

weil $e_1 + a_1 + e_1' = e_2 + a_2 + e_2'$. ϑ ist der Verdrehungswinkel des Kurbelzapfens.

Zur Berechnung der u sind die zugehörigen Flächen der Biegungsmomente in die Figur eingezeichnet und schraffiert. Die nicht schraffierten Flächen über den als starr zu betrachtenden Stücken $e_1 e_1' e_2 e_2'$ sind mit $n = o$ multipliziert gedacht.

Der Verdrehungswinkel des Kurbelzapfens ist aus

$$E J_0 \vartheta = \frac{E}{2G} \cdot \frac{J_0}{J_c} O' \cdot 2 c_1 = k_c O'$$

$$\text{mit } k_c = \frac{E}{G} \frac{J_0}{J_c} c_1 \quad \ldots \ldots \ldots \quad (9)$$

zu erhalten, wo J_c das Trägheitsmoment des Kurbelzapfenquerschnittes bedeutet und $2 c_1$ die der Verdrehung (überhaupt Deformation) unterworfene Länge des Zapfens ist.

Nun besteht die Beziehung:

$$O' = O_1 + W_1 \; (e_1 + a_1 + e_1') = O_2 + W_2 \, (e_2 + a_2 + e_2')$$

oder auch

$$O' = \frac{1}{2} O_1 + \frac{1}{2} O_2 + \frac{1}{2} W_1 (e_1 + a_1 + e_1') + \frac{1}{2} W_2 \; (e_2 + a_2 + e_2')$$

und sei nochmals ausdrücklich betont, daß W längs eines Kurbelarmes konstant bleiben muß. Dies ist aber stets der Fall, wenn auf Kurbelarmmitte keine äußeren Kräfte angreifen.

Setzt man $J_1'' = \frac{1}{12} b_1^3 \, h_1 \quad J_2'' = \frac{1}{12} b_2^3 \, h_2$

$$\text{und} \quad \frac{J_0}{J_1''} a_1 = k_1'' \qquad \frac{J_0}{J_2''} a_2 = k_2'' \quad . \; . \; . \quad (10)$$

so ergibt sich aus den schraffierten Momentenflächen:

$$E \, J_0 \, \beta_1 = k_1'' \left[O_1 + \frac{1}{2} W_1 \, (a_1 + 2 \, e_1) \right]$$

$$E \, J_0 \, u_1' = k_1'' \left[\frac{1}{2} O_1 (a_1 + 2 e_1') + \frac{1}{2} W_1 \cdot \left\{ \frac{a_1^2}{3} + a_1 (e_1 + e_1') + 2 e_1 e_1' \right\} \right]$$

und folgt ferner (mit Rücksicht auf $e_1 + a_1 + e_1' = e_2 + a_2 + e_2'$

$$E \, J_0 \left[u_1' - \beta_1 \, (e_1 + a_1 + e_1') - \frac{1}{2} \vartheta \, (e_1 + a_1 + e_1') \right] =$$

$$k_1'' \left[\frac{1}{2} O_1 \, (a_1 + 2 \, e_1') + \frac{1}{2} W_1 \left\{ \frac{a_1^2}{3} + a_1 \, (e_1 + e_1') + 2 \, e_1 \, e_1' \right\} \right]$$

$$- k_1'' \, (e_1 + a_1 + e_1') \left[O_1 + \frac{1}{2} W_1 \, (a_1 + 2 \, e_1) \right]$$

$$- k_c \, (e_1 + a_1 + e_1') \left[\frac{1}{2} O_1 + \frac{1}{2} W_1 \, (e_1 + a_1 + e_1') \right]$$

$$= - k_{o1}^2 \, O_1 - k_{v1}^3 \, W_1$$

$$\text{mit} \quad k_{o1}^2 = \frac{1}{2} [k_c \, (a_1 + e_1 + e_1') + k_1'' \, (a_1 + 2 \, e_1)] \; . \quad (11)$$

$$k_{v1}^3 = \frac{1}{2} k_c \, (a_1 + e_1 + e_1')^2 + k_1'' \left(\frac{a_1^2}{3} + a_1 \, e_1 + e_1^2 \right) \quad (12)$$

so daß schließlich $E \, J_o \, [u_1' + u_2' - (\beta_1 + \beta_2 + \vartheta) \, (e_1 + a_1 + e_1')]$

$$= - k_{o1}^2 \, O_1 - k_{v1}^3 \, W_1 - k_{o2}^2 \, O_2 - k_{v2}^3 \, W_2 \quad \text{und}$$

$$E J_0 w = \int_{x_0}^{x} (x - \xi)\, n\, N\, d\xi + \Sigma k_p' N_p (x - x_p) \;^{1)}$$

$$+ \Sigma k_o^2 \overline{O} + \Sigma k_v^3 \overline{\overline{W}} \quad . \; . \; . \; . \; . \quad (13)$$

worin für $\overline{O}$ und $\overline{\overline{W}}$ die speziellen Werte welche O und W an den Stellen der Wellenmittellinie, wo die Kurbelarme sich befinden, annehmen, bedeuten. (Die Momente O' in den Kurbelzapfen treten nicht in die Rechnung ein.)

Wollte man im Falle kurzer Kurbelarme noch den Einfluß der Schubkraft auf die Werte von u_1' und u_2' berücksichtigen, so wäre zu setzen

$$k_{v1}^3 = \frac{1}{2} k_c (a_1 + e_1 + e_1')^2 + k_1'' \left(\frac{a_1^2}{3} + a_1 e_1 + e_1^2 \right)$$

$$+ \frac{1}{10} \frac{E}{G} k_1'' b_1^2 \quad . \; . \; . \; . \; . \quad (12a)$$

Wird $e_1 = e_1'$ angenommen, so schreibt sich etwas einfacher

$$k_{o1}^2 = \frac{1}{2} (a_1 + 2 e_1)(k_c + k_1'')$$

$$k_{v1}^3 = \frac{1}{2} k_c (a_1 + 2 e_1)^2 + k_1'' \left(\frac{a_1^2}{3} + a_1 e_1 + e_1^2 \right) + \frac{1}{10} \frac{E}{G} k_1'' b_1^2,$$

für $e_1 = o$ würde

$$k_{o1}^2 = \frac{1}{2} a_1 (k_c + k_1'')$$

$$k_{v1}^3 = \frac{1}{6} a_1^2 (3 k_c + 2 k_1'') + \frac{1}{10} \frac{E}{G} k_1'' b_1^2.$$

Wie diese Werte k_o und k_v experimentell (an einer gegebenen Welle) zu bestimmen sind, und wie damit im Zusammenhang die Frage geprüft werden soll, wie weit die Ecken am Anschluß von Kurbelarm und Schaft, resp. Zapfen als ausgesteift zu betrachten sind, soll später erläutert werden.

Die Beziehungen für $E J_0 v$ und $E J_0 w$ sind noch einer Erweiterung fähig, wenn man jetzt annimmt die Ebene der

---

[1]) Die Projektion der elastischen Linie des Kurbelzapfens wird durch (13) bis auf eine willkürliche Parallelverschiebung $\beta (e_1 + a_1 + e_1')$ bestimmt und kann nur an einer Seite zum stetigen Anschluß an die Wellenmittellinie gebracht werden.

Kröpfung bilde mit der positiven z-Achse den beliebigen Winkel φ (mit der positiven y-Achse den Winkel $90 - \varphi$). In diesem Falle kann man die Abweichungen v' und w' in der Kurbelebene und ⊥ dazu nach den gefundenen Formeln ermitteln, wenn man die Kräftereduktion in bezug auf ein neues Koordinatensystem ausführt, welches mit dem alten System die x-Achse gemeinschaftlich hat und dessen $x'z'$-Ebene die Kröpfung enthält. Die erhaltenen Beziehungen können dazu dienen, um in bezug auf das alte Koordinatensystem v und w zu ermitteln vermöge der Relationen

$$\left.\begin{aligned} v &= v' \cos\varphi + w' \sin\varphi \\ w &= -v' \sin\varphi + w' \cos\varphi \end{aligned}\right\} \quad . \quad . \quad (14)$$

Nun gilt noch:

$$\left.\begin{aligned} N' &= N\cos\varphi + M\sin\varphi\,, & V' &= V\cos\varphi + W\sin\varphi \\ M' &= -N\sin\varphi + M\cos\varphi\,, & W' &= -V\sin\varphi + W\cos\varphi \end{aligned}\right\} \quad (15)$$

Mit diesen Werten findet man v' und w' und endlich ergibt sich

$$\left.\begin{aligned} E J_0 v &= \int_{x_0}^{x} (x-\xi)\, n\, M\, d\xi + \Sigma[(k'_p - k_p)\, N_p \sin\varphi\cos\varphi \\ &\qquad + (k_p \cos^2\varphi + k'_p \sin^2\varphi)\, M_p]\,(x - x_p) \\ &\quad + \sin\varphi\, \Sigma k_0^2 \overline{O} - \sin^2\varphi\, \Sigma k_v^3\, \overline{V} + \sin\varphi\cos\varphi\, \Sigma k_v^3\, \overline{\overline{W}} \\ E J_0 w &= \int_{x_0}^{x} (x-\xi)\, n\, N\, d\xi + \Sigma[(k_p \sin^2\varphi + k'_p \cos^2\varphi)\, N_p \\ &\qquad + (k'_p - k_p)\, M_p \sin\varphi\cos\varphi]\,(x - x_p) \\ &\quad + \cos\varphi\, \Sigma k_0^2 \overline{O} - \sin\varphi\cos\varphi\, \Sigma k_v^3\, \overline{V} + \cos^2\varphi\, \Sigma k_v^3\, \overline{\overline{W}} \end{aligned}\right\} \quad (16)$$

Diese Beziehungen vereinfachen sich noch für den Fall, daß $k_p = k'_p$ ($k_1 = k_1'$, $k_2 = k_2'$), d. h. für Kurbelarme von dem Seitenverhältnis $\frac{b}{h} = 1{,}85$.

Aber selbst unter diesen Voraussetzungen sind die Größen v und w nur dann lediglich von den parallel zur xz- bzw. xy-Ebene wirkenden Kräften (wozu auch jeweils das Kräftepaar O gerechnet werden kann) abhängig, wenn der Winkel φ einen der Werte O, $\frac{\pi}{2}$, π, $\frac{3}{2}\pi$ annimmt. Es ist dann für

$$
\left.\begin{array}{l}
\varphi = 0 \\
\text{resp. } \pi
\end{array}\right\}
\left\{\begin{array}{l}
E J_o v = \displaystyle\int_{x_0}^{x} (x - \xi)\, n\, M\, d\xi + \Sigma k_p M_p (x - x_p) \\
E J_o w = \displaystyle\int_{x_0}^{x} (x - \xi)\, n\, N\, d\xi + \Sigma k_p{}' N_p (x - x_p) \\
\qquad\qquad\qquad\qquad \pm \Sigma k_o{}^2 \overline{O} + \Sigma k_v{}^3 \overline{W}
\end{array}\right.
$$

wo das untere Vorzeichen sich auf $\varphi = \pi$ bezieht

$$
\left.\begin{array}{l}
\varphi = \dfrac{\pi}{2} \\
\text{resp. } 3\dfrac{\pi}{2}
\end{array}\right\}
\left\{\begin{array}{l}
E J_o v = \displaystyle\int_{x_0}^{x} (x - \xi)\, n\, M\, d\xi + \Sigma k_p{}' M_p (x - x_p) \\
\qquad\qquad\qquad\qquad \pm \Sigma k_o{}^2 \overline{O} - \Sigma k_v{}^3 \overline{V} \\
E J_o w = \displaystyle\int_{x^0}^{x} (x - \xi)\, n\, N\, d\xi + \Sigma k_p N_p (x - x_p)
\end{array}\right. \qquad (17)
$$

mit dem unteren Vorzeichen für $\varphi = 3\frac{\pi}{2}$.

Tabelle zur Gleichung 17.

	v				w		
	k	$k_0{}^2$	$k_v{}^3$		k	$k_0{}^2$	$k_v{}^3$
$\varphi = 0$		0	0		'	neg.	neg.
$\frac{\pi}{2}$	'	neg.	pos.			0	0
π		0	0		'	pos.	neg.
$3\frac{\pi}{2}$	'	pos.	pos.			0	0

Versieht man je nach der Stellung der Kurbel (Wert des Winkels $\varphi = 0, \frac{\pi}{2}, \pi, \frac{3}{2}\pi$) k_p mit dem Akzent oder nicht, und gibt $k_0{}^2$ und $k_v{}^3$ den aus obiger Zusammenstellung und beifolgender Tabelle ersichtlichen Faktor $0 + 1$ oder -1, so ergibt die Beziehung

$$E\,J_0\,v = \int_{x_0}^{x} (x-\xi)\,n\,M\,d\xi + \Sigma k_p M_p (x - x_p) - \Sigma k_0{}^2 \overline{O} - \Sigma k_v{}^3 \overline{V} \quad (18)$$

die Ausweichung der Projektion der elastischen Linie auf die Kurbelebene und die dazu ⊥ stehende Ebene und gilt diese Gleichung auch für eine Welle mit beliebig vielen Kurbeln, welche sämtlich in zwei zueinander ⊥ Ebenen liegen, für die Projektion der elastischen Linie auf diese Ebenen. (Zur Bildung

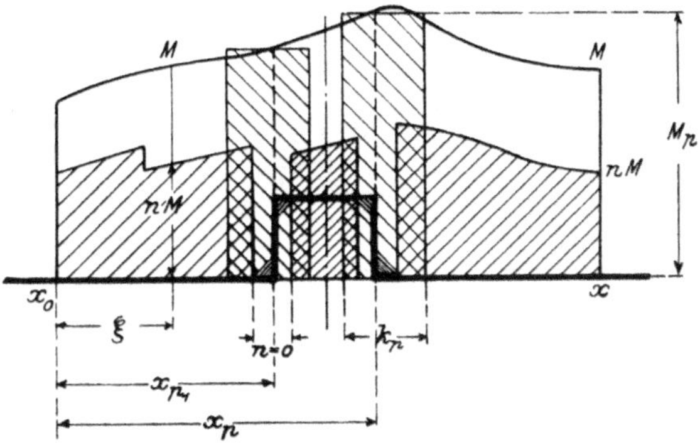

Fig. 7.

der Elemente M und V kommen nur Kräfte in Betracht, welche parallel zur Projektionsebene wirken.)

Die beiden ersten Glieder der rechten Seite von Gleichung 18 lassen noch eine geometrische Deutung zu, die in manchen Fällen dienlich sein kann. Es bedeutet das erste Glied das statische Moment der mit n reduzierten Momentenfläche in bezug auf den Querschnitt x, und das zweite Glied das statische Moment der Rechtecke von der Breite k_p und der Mittellinie M_p in bezug auf denselben Querschnitt x.[1])

Die einfache Addition der zuvor erwähnten Flächen entspricht der Beziehung

$$E\,J_0\,\varphi = \int_{x_0}^{x} n\,M\,d\,\xi + \Sigma\,k_p\,M_p$$

[1]) Die Inhalte der genannten Rechtecke sind stets auf ihre Mittellinie, d. h. auf Mitte Kurbelarm konzentriert zu denken.

und spielen in diesem letzten Ausdruck die Größen O und V keine Rolle.

Die Ermittelung der statisch unbestimmten Größen (Stützenmomente) kann für jede Ebene getrennt vorgenommen werden, was nicht mehr möglich ist, wenn Kurbeln vorhanden sind, welche nicht in die beiden genannten Ebenen fallen.

Für das Folgende kann vom bisher angewandten räumlichen Koordinatensystem abgesehen werden. Behufs Ermittelung der Stützenmomente seien mit 0, 1, 2 die Mittel dreier aufeinanderfolgender Lager bezeichnet und sei $x_0 = 0$, $x_1 = l_0$,

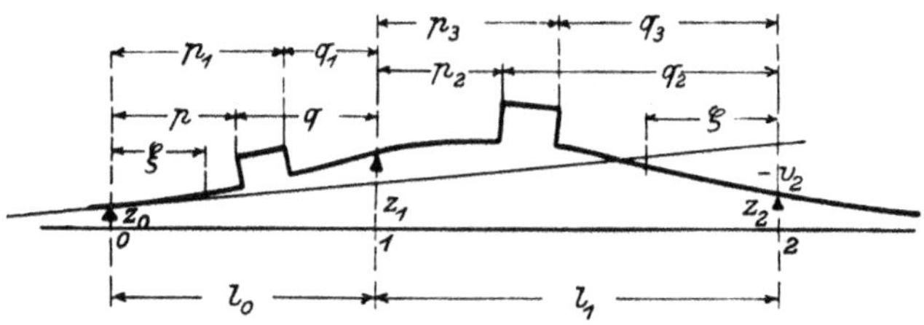

Fig. 8.

$x_2 = l_0 + l_1$, so daß l_0 und l_1 die Längen zweier benachbarter Felder der Welle bedeuten. M_0, M_1, M_2 seien die Stützen- oder Lagermomente, z_0, z_1 und z_2 die Höhen der Lager über der x-Achse. Es sollen nun für $x = x_1$ und $x = x_2$ die auf den Punkt $x_0 = 0$ bezogenen Werte v_1 und v_2 gebildet werden und sei daran erinnert, daß für Feld 0 — 1

$$V = \frac{M_1 - M_0}{l_0} + \mathfrak{V},$$

$$V = \frac{M_2 - M_1}{l_1} + \mathfrak{V}, \text{ für } 1 - 2,$$

$$W = -\frac{N_1 - N_0}{l_0} + \mathfrak{W}, \text{ für } 0 - 1,$$

$$W = -\frac{N_2 - N_1}{l_1} + \mathfrak{W}, \text{ für } 1 - 2,$$

wo $\mathfrak{V}$ und $\mathfrak{W}$ die Schubkraft für den frei aufliegenden Träger 0 1, resp. 1 2 bedeutet (also speziell für $M_0 = M_1 = M_2 = 0$).

Zunächst ist

$$EJ_0 v_1 = EJ_0 [z_1 - z_0 - (x_1 - x_0) z_0'] = EJ_0 [z_1 - z_0 - l_0 z_0'] \quad (19)$$

$$= \int_0^{l_0} (l_0 - \xi)\, n\, M\, d\xi + \sum_0^1 k \overline{M} (l_0 - p) - \sum_0^1 k_0^2 \overline{O} - \sum_0^1 k_v^3 \left\{ \frac{M_1 - M_0}{l_0} + \overline{\mathfrak{V}} \right\}$$

unter Anwendung der Gleichungen 5 und 18.

Die Momente M_p an den Kurbelarmen seien hier kürzer durch $\overline{M}$ bezeichnet und für k_p einfach k und an Stelle von x_p p gesetzt. Analog schreibt sich der Ausdruck für $E J_0 v_2$ (d. h. mit Bezug auf Strecke 0—2) und folgt ferner, wenn man $E J_0 (v_2 - v_1)$ bildet:

$$E J_0 [z_2 - z_1 - l_1 z_0']$$

$$= l_1 \int_0^{l_0} n\, M\, d\xi + \int_0^{l_1} \zeta\, n\, M\, d\zeta + l_1 \sum_0^1 k \overline{M} + \sum_1^2 k \overline{M} q - \sum_1^2 k_0^2 \overline{O}$$

$$- \sum_1^2 k_v^3 \left\{ \frac{M_2 - M_1}{l_1} + \overline{\mathfrak{V}} \right\}$$

wo $l_0 + l_1 - \xi = \zeta$ gesetzt ist und $l_0 + l_1 - p = q$.

Durch Elimination von z_0' folgt:

$$E J_0 \left[\frac{z_0 - z_1}{l_0} - \frac{z_1 - z_2}{l_1} \right] = \int_0^{l_0} n\, M\, d\xi + \frac{1}{l_1} \int_0^{l_1} \zeta\, n\, M\, d\zeta$$

$$- \frac{1}{l_0} \int_0^{l_0} (l_0 - \xi)\, n\, M\, d\xi$$

$$+ \sum_0^1 k \overline{M} + \frac{1}{l_1} \sum_1^2 k \cdot \overline{M} q - \frac{1}{l_1} \sum_1^2 k_0^2 \overline{O} - \frac{1}{l_1} \sum_1^2 k_v^3 \left\{ \frac{M_2 - M_1}{l_1} + \overline{\mathfrak{V}} \right\}$$

$$- \frac{1}{l_0} \sum_0^1 k \overline{M} (l_0 - p) + \frac{1}{l_0} \sum_0^1 k_0^2 \overline{O} + \frac{1}{l_0} \sum_0^1 k_v^3 \left\{ \frac{M_1 - M_0}{l_0} + \overline{\mathfrak{V}} \right\}$$

$$= \frac{1}{l_0} \int_0^{l_0} \xi\, n\, M\, d\xi + \frac{1}{l_1} \int_0^{l_1} \zeta\, n\, M\, d\zeta + \frac{1}{l_0} \sum_0^1 k \overline{M} p + \frac{1}{l_1} \sum_1^2 k \overline{M} q$$

$$+ \frac{1}{l_0} \sum_0^1 k_0^2 \overline{O} - \frac{1}{l_1} \sum_1^2 k_0^2 \overline{O} + \frac{1}{l_0} \sum_0^1 k_v^3 \left\{ \frac{M_1 - M_0}{l_0} + \overline{\mathfrak{V}} \right\}$$

$$- \frac{1}{l_1} \sum_1^2 k_v^3 \left\{ \frac{M_2 - M_1}{l_1} + \overline{\mathfrak{V}} \right\}.$$

Nun ist für Feld

$$\left.\begin{aligned} 0-1\quad M &= M_0 + \frac{M_1 - M_0}{l_0}\xi + \mathfrak{M} \quad \left[\begin{matrix}\mathfrak{M}\text{ freiaufliegender}\\ \text{Träger, Funkt. von }\xi\end{matrix}\right] \\ 1-2\quad M &= M_2 + \frac{M_1 - M_2}{l_1}\zeta + \mathfrak{M} \quad \left[\begin{matrix}\mathfrak{M}\text{ freiaufliegender}\\ \text{Träger, Funkt. von }\zeta\end{matrix}\right] \end{aligned}\right\} \quad (20)$$

welche Gleichungen auch wörtlich für die N und $\mathfrak{N}$ gelten, und

$$\left.\begin{aligned} \int_0^{l_0} \xi\, n\, M\, d\xi &= M_0 \int_0^{l_0} n\,\xi\, d\xi + \frac{M_1 - M_0}{l_0}\int_0^{l_0} n\,\xi^2\, d\xi + \int_0^{l_0} \xi\, n\,\mathfrak{M}\, d\xi \\ \int_0^{l_1} \zeta\, n\, M\, d\zeta &= M_2 \int_0^{l_1} n\,\zeta\, d\zeta + \frac{M_1 - M_2}{l_1}\int_0^{l_1} n\,\zeta^2\, d\zeta + \int_0^{l_1} \zeta\, n\,\mathfrak{M}\, d\zeta \end{aligned}\right\} \quad (21)$$

und wenn

$$\int_0^{l_0} n\,\xi\, d\xi = \frac{\psi l_0^2}{2}, \quad \int_0^{l_1} n\,\zeta\, d\zeta = \frac{\psi_1' l_1^2}{2}$$

$$\int_0^{l_0} n\,\xi^2\, d\xi = \chi\frac{l_0^3}{3}, \quad \int_0^{l_1} n\,\zeta^2\, d\zeta = \chi_1'\frac{l_1^3}{3} \quad . \quad . \quad . \quad (22)$$

gesetzt wird, so daß im Spezialfalle $n =$ Konst. von 0 bis l_0, resp. l_1

$$\psi = \psi' = \chi = \chi' = n$$

werden, im übrigen aber die Zahlwerte (Dimension 0) für ψ, χ usw. gemäß obigen Definitionsgleichungen ermittelt werden müssen, und wenn ferner, mit Anwendung von Relation (20)

$$\sum_0^1 k\,\overline{M}\frac{p}{l_0} = M_0 \sum_0^1 k\frac{p}{l_0} + (M_1 - M_0)\sum_0^1 k\frac{p^2}{l_0^2} + \sum_0^1 k\,\overline{\mathfrak{M}}\frac{p}{l_0}$$

$$\sum_1^2 k\,\overline{M}\frac{q}{l_1} = M_2 \sum_1^2 k\frac{q}{l_1} + (M_1 - M_2)\sum_1^2 k\frac{q^2}{l_1^2} + \sum_1^2 k\,\overline{\mathfrak{M}}\frac{q}{l_1}$$

welche Gleichungen ebenso wie (20) und (21) auch insgesamt wörtlich für die Momente N und $\mathfrak{N}$ gelten, so folgt:

$$E J_0\left[\frac{z_0 - z_1}{l_0} - \frac{z_1 - z_2}{l_1}\right]$$

$$= \frac{\psi}{2} l_0 M_0 + \frac{\chi}{3} l_0 (M_1 - M_0) + \frac{1}{l_0}\int_0^{l_0} \xi\, n\,\mathfrak{M}\, d\xi + \frac{\psi_1}{2} l_1 M_2$$

$$+\frac{\chi_1'}{3}l_1(M_1-M_2)+\frac{1}{l_1}\int_0^{l_1}\zeta\, n\,\mathfrak{M}\,d\zeta$$

$$+M_0\sum_0^1 k\frac{p}{l_0}+(M_1-M_0)\sum_0^1 k\frac{p^2}{l_0^2}+\sum_0^1 k\,\overline{\mathfrak{M}}\frac{p}{l_0}+M_2\sum_1^2 k\frac{q}{l_1}$$

$$+(M_1-M_2)\sum_1^2 k\frac{q^2}{l_1^2}+\sum_1^2 k\,\overline{\mathfrak{M}}\frac{q}{l_1}$$

$$+\frac{1}{l_0}\sum_0^1 k_0^2\,\overline{O}-\frac{1}{l_1}\sum_1^2 k_0^2\,\overline{O}+\frac{1}{l_0}\sum_0^1 k_v^3\left\{\frac{M_1-M_0}{l_0}+\overline{\mathfrak{B}}\right\}$$

$$-\frac{1}{l_1}\sum_1^2 k_v^3\left\{\frac{M_2-M_1}{l_1}+\overline{\mathfrak{B}}\right\}.$$

Bringt man die Größen M_0, M_1, M_2 allein auf die linke Seite, so folgt:

$$\left.\begin{aligned}
&M_0\left[\frac{\psi\, l_0}{2}-\frac{\chi\, l_0}{3}+\sum_0^1 k\frac{p}{l_0}-\sum_0^1 k\frac{p^2}{l_0^2}-\sum_0^1\frac{k_v^3}{l_0^2}\right]\\
&+M_2\left[\frac{\psi_1'\, l_1}{2}-\frac{\chi_1'\, l_1}{3}+\sum_1^2 k\frac{q}{l_1}-\sum_1^2 k\frac{q^2}{l_1^2}-\sum_1^2\frac{k_v^3}{l_1^2}\right]\\
&+M_1\left[\frac{\chi\, l_0}{3}+\frac{\chi_1'\, l_1}{3}+\sum_0^1 k\frac{p^2}{l_0^2}+\sum_1^2 k\frac{q^2}{l_1^2}+\sum_0^1\frac{k_v^3}{l_0^2}+\sum_1^2\frac{k_v^3}{l_1^2}\right]\\
&=E\,J_0\left[\frac{z_0-z_1}{l_0}-\frac{z_1-z_2}{l_1}\right]-\frac{1}{l_0}\int_0^{l_0} n\,\mathfrak{M}\,\xi\,d\xi-\frac{1}{l_1}\int_0^{l_1} n\,\mathfrak{M}\,\zeta\,d\zeta\\
&-\sum_0^1 k\,\overline{\mathfrak{M}}\frac{p}{l_0}-\sum_1^2 k\,\overline{\mathfrak{M}}\frac{q}{l_1}-\frac{1}{l_0}\sum_0^1 k_0^2\,\overline{O}+\frac{1}{l_1}\sum_1^2 k_0^2\,\overline{O}\\
&-\frac{1}{l_0}\sum_0^1 k_v^3\,\overline{\mathfrak{B}}+\frac{1}{l_1}\sum_1^2 k_v^3\,\overline{\mathfrak{B}}
\end{aligned}\right\}\quad (23)\ [1]$$

Jedes Glied unter den Σ entspricht einem Kurbelarme in dem durch die Grenzen 0, 1, 2 definierten Feld und sind die einzelnen Glieder k_0^2, k_v^3 auf der rechten Seite der Gleichung gemäß der Vorhergehenden mit dem entsprechenden Faktor 0, $+1$ oder -1 zu versehen. (Die Glieder k_v^3 auf der linken

[1]) Gemäß der Festsetzung des Vorzeichens von w und in Übereinstimmung mit Gleichung (6) muß in der Gleichung für N das erste Glied der rechten Seite mit negativem Vorzeichen genommen werden, also heißen:

$$E\,J_v\left[-\frac{y_0-y_1}{l_0}+\frac{y_1-y_2}{l_1}\right].$$ Siehe auch (41).

Seite sind stets positiv zu nehmen.) Zu bemerken ist noch, daß dieses Gleichungssystem bei Spiegelung der Welle mit dem System der Kräfte an einer der Koordinatenebenen das Spiegelbild der Stützenmomente ergeben muß, wofür leicht die Probe zu machen ist; dies wäre nicht der Fall, wenn die k_v^3 auf der linken Seite die Vorzeichen wechselten. So werden z. B. durch Spiegelung an der XY-Ebene die Vorzeichen von M, V, O, z geändert, während die Vorzeichen von N und W ungeändert bleiben; für Kurbeln in der XZ-Ebene ändert sich durch diese Operation das Vorzeichen von k_0^2, während das von k_v^3 unverändert bleibt. Die Dimensionen der einzelnen Kurbeln können verschieden sein, der Durchmesser von Welle und Zapfen kann beliebig variieren, Voraussetzung ist nur, daß sämtliche Kurbeln in zwei zueinander ⊥ Ebenen liegen und ⊥ zur Welle stehen. Dann können vermittelst dieser Gleichung sämtliche Stützenmomente bestimmt werden genau wie vermittelst der Clapeyronschen Gleichung beim kontinuierlichen geraden Träger.

Im übrigen geht die Clapeyronsche Gleichung:

$$M_0 l_0 + 2 M_1 (l_0 + l_1) + M_2 l_1 = 6 E J_0 \left[\frac{z_0 - z_1}{l_0} - \frac{z_1 - z_2}{l_1}\right]$$
$$- \frac{6}{l_0}\int_0^{l_0} n \mathfrak{M} \xi \, d\xi - \frac{6}{l_1}\int_0^{l_1} n \mathfrak{M} \zeta \, d\zeta$$

aus der obigen Relation hervor, wenn $\psi = \chi = \psi' = \chi' = 1$ und $k = k_v = k_0 = 0$ gesetzt wird.

Sind Kurbeln vorhanden, welche nicht in zwei zueinander ⊥ Ebenen unterzubringen sind, so können die Projektionen der elastischen Linie nicht mehr getrennt untersucht werden und muß für diese Aufgabe von den beiden Gleichungen (16) ausgegangen werden.

Sind die Stützenmomente gefunden, so ist die Kräftereduktion für jeden Punkt der Welle bekannt und können sämtliche Deformationen und Materialanstrengungen berechnet werden.

Die Lagerdrücke werden aus den Schubkräften für zwei

benachbarte Felder gefunden und ist z. B. R_1 für Lager 1 bestimmt durch $R_1 = V_{21} - V_{01}$, worin V_{01} die Schubkraft für Feld 0 1 bei Lager 1, V_{21} diejenige für Feld 2 1 bei Lager 1 im Sinne unserer Kräftereduktion, wie zu Anfang ausgeführt, bedeutet.

Die Neigungswinkel der elastischen Linie an den Lagerstellen, deren Kenntnis wichtig ist, können ebenfalls aus obigen Gleichungen gefunden werden und ergibt sich für Lager 1 aus Gleichung (19).

$$E J_0 z_0' = E J_0 \frac{z_1 - z_0}{l_0} - \frac{1}{l_0}\int_0^{l_0} (l_0 - \xi)\, n M\, d\xi - \frac{1}{l_0}\sum_0^1 k \overline{M} (l_0 - p)$$

$$+ \sum_0^1 \frac{k_0^2}{l_0} \overline{O} + \sum_0^1 \frac{k_v^3}{l_0} \overline{\mathfrak{V}} + \frac{M_1 - M_0}{l_0^2} \sum_0^1 k_v^3$$

und mit $M = M_0 + \frac{M_1 - M_0}{l_0} \xi + \mathfrak{M}$ folgt

$$E J_0 z_0' = E J_0 \frac{z_1 - z_0}{l_0} - \frac{M_0}{l_0} \int_0^{l_0} n (l_0 - \xi)\, d\xi$$

$$- \frac{M_1 - M_0}{l_0^2} \int_0^{l_0} \xi (l_0 - \xi)\, n\, d\xi - \frac{1}{l_0}\int_0^{l_0} n \mathfrak{M} (l_0 - \xi)\, d\xi$$

$$- \frac{1}{l_0} \sum_0^1 k \overline{M} (l_0 - p) + \sum_0^1 \frac{k_0^2}{l_0} \overline{O} + \sum_0^1 \frac{k_v^3}{l_0} \overline{\mathfrak{V}} + \frac{M_1 - M_0}{l_0^2} \sum_0^1 k_v^3.$$

Setzt man hier $l_0 - \xi = \zeta$, resp. $l_0 - p = q$ und

$$\int_0^{l_0} n \zeta\, d\zeta = \psi' \frac{l_0^2}{2}, \quad \int_0^{l_0} n \zeta^2\, d\zeta = \chi' \frac{l_0^3}{3} \quad . \quad . \quad (24)$$

so folgt:

$$E J_0 z_0' = E J_0 \frac{z_1 - z_0}{l_0} - M_0 \frac{\psi' l_0}{2} - (M_1 - M_0) \left(\frac{\psi' l_0}{2} - \frac{\chi' l_0}{3}\right)$$

$$- \frac{1}{l_0} \int_0^{l_0} n \mathfrak{M} \zeta\, d\zeta - \frac{1}{l_0} \sum_0^1 k \overline{M} q + \frac{1}{l_0} \sum_0^1 k_0^2 \overline{O} + \frac{1}{l_0} \sum_0^1 k_v^3 \overline{\mathfrak{V}}$$

$$+ \frac{M_1 - M_0}{l_0^2} \sum_0^1 k_v^3,$$

und wenn noch $\overline{M} = M_1 + \frac{M_0 - M_1}{l_0} \cdot q + \overline{\mathfrak{M}}$ gesetzt wird

$$E J_0 z_0' = E J_0 \frac{z_1 - z_0}{l_0} + M_0 \left[-\frac{\chi' l_0}{3} - \sum_0^1 k \frac{q^2}{l_0^2} - \sum_0^1 \frac{k_v^3}{l_0^2} \right]$$

$$- M_1 \left[\frac{\psi' l_0}{2} - \frac{\chi' l_0}{3} + \sum_0^1 k \frac{q}{l_0} - \sum_0^1 k \frac{q^2}{l_0^2} - \sum_0^1 \frac{k_v^3}{l_0^2} \right]$$

$$- \frac{1}{l_0} \int_0^{l_0} n \,\overline{\mathfrak{M}} \zeta \, d\zeta - \sum_0^1 k \overline{\mathfrak{M}} \frac{q}{l_0} + \frac{1}{l_0} \sum_0^1 k_0^2 \overline{O} + \frac{1}{l_0} \sum_0^1 k_v^3 \overline{\mathfrak{V}}$$

resp.

$$- E J_0 z_0' = E J_0 \frac{z_0 - z_1}{l_0} + M_0 \left[\frac{\chi' l_0}{3} + \sum_0^1 k \frac{q^2}{l_0^2} + \sum_0^1 \frac{k_v^3}{l_0^2} \right]$$

$$+ M_1 \left[\frac{\psi' l_0}{2} - \frac{\chi' l_0}{3} + \sum_0^1 k \frac{q}{l_0} - \sum_0^1 k \frac{q^2}{l_0^2} - \sum_0^1 \frac{k_v^3}{l_0^2} \right]$$

$$+ \frac{1}{l_0} \int_0^{l_0} n \,\overline{\mathfrak{M}} \zeta \, d\zeta + \sum_0^1 k \overline{\mathfrak{M}} \frac{q}{l_0} - \sum_0^1 \frac{k_0^2}{l_0} \overline{O} - \sum_0^1 \frac{k_v^3}{l_0} \overline{\mathfrak{V}}. \quad (25)$$

Falls es wünschenswert ist, z_1' durch dieselben Elemente darzustellen, folgt aus obiger Formel durch sinngemäße Vertauschung der Buchstaben

$$+ E J_0 z_1' = E J_0 \frac{z_1 - z_0}{l_0} + M_0 \left[\frac{\psi l_0}{2} - \frac{\chi l_0}{3} + \sum_0^1 k \frac{p}{l_0} - \sum_0^1 k \frac{p^2}{l_0^2} - \sum_0^1 \frac{k_v^3}{l_0^2} \right]$$

$$+ M_1 \left[\frac{\chi l_0}{3} + \sum_0^1 k \frac{p^2}{l_0^2} + \sum_0^1 \frac{k_v^3}{l_0^2} \right]$$

$$+ \frac{1}{l_0} \int_0^{l^0} n \,\overline{\mathfrak{M}} \xi \, d\xi + \sum_0^1 k \overline{\mathfrak{M}} \frac{p}{l_0} + \sum_0^1 \frac{k_0^2}{l_0} \overline{O} + \sum_0^1 \frac{k_v^3}{l_0} \overline{\mathfrak{V}} \quad . \quad . \quad . \quad (26)$$

Der Verdrehungswinkel zwischen den Punkten A_1 und A_2, also über eine Kurbelkröpfung ist gleich $\beta_1 + \beta_2 + \vartheta$ (siehe Fig. 6 und Erläuterung) und berechnet sich:

$$E J_0 (\beta_1 + \beta_2 + \vartheta) = k_1'' \left[O_1 + \frac{1}{2} W_1 (a_1 + 2 e_1) \right]$$

$$+ k_2'' \left[O_2 + \frac{1}{2} W_2 (a_2 + 2 e_2) \right]$$

$$+ k_c \left[\frac{O_1 + O_2}{2} + \frac{W_1}{2}(a_1 + e_1 + e_1') + \frac{W_2}{2}(a_2 + e_2 + e_2')\right]$$

$$= O_1 \left(k_1'' + \frac{1}{2} k_c\right) + O_2 \left(k_2'' + \frac{1}{2} k_c\right)$$

$$+ \frac{W_1}{2}\left[(a_1 + 2\,e_1)\,k_1'' + (a_1 + e_1 + e_1')\,k_c\right]$$

$$+ \frac{W_2}{2}\left[(a_2 + 2\,e_2)\,k_2'' + (a_2 + e_2 + e_2')\,k_c\right]$$

oder $$E\,J_0\,(\beta_1 + \beta_2 + \vartheta) = \Sigma \overline{O}\left(k'' + \frac{k_c}{2}\right) + \Sigma\, \overline{W} \cdot k_0^2. \quad (27)$$

Weil W aber in bekannter Weise von den Stützmomenten abhängt, so ist auch der Verdrehungswinkel von denselben abhängig, es ist aber bei nicht ganz abnormalen Verhältnissen (ausgeführte Wellen) das letzte Glied nur von untergeordnetem Wert.

Sieht man von dem Einfluß des W ab, was meistens mit nur geringem Fehler zulässig ist, so wird der Verdrehungswinkel zwischen den Punkten 0 und 1, des Feldes von der Länge l_0 berechnet aus

$$E\,J_0\,\delta = \Sigma \overline{O}\left(k'' + \frac{k_c}{2}\right) + \frac{E}{2\,G}\int n\,O\,d\,\xi \quad . \quad . \quad . \quad (28)$$

worin sich die Integration über den Wellenteil außerhalb der Kröpfungen erstreckt und n nur mäßig veränderlich angenommen ist, so daß die Formel für den Verdrehungswinkel eines stabförmigen Körpers auf jedes Längenelement der Welle angewandt werden kann.

O ist für gewisse endliche Längen stets konstant, so daß $\int n\,O\,d\,\xi$ aus einzelnen Teilen von der Form

$$O \int n\,d\,\xi \text{ besteht.}$$

Auch bei der Biegung einer Welle von variablem Querschnitt spielen $\int$ von der letzten Form eine Rolle und bezeichnen wir allgemein $\int_0^{l_0} n\,d\,\xi = \varphi\,l_0$ . . . . (29)

Zwischen den Werten φ, ψ, χ und φ', ψ', χ' welche definiert sind durch

$$\left.\begin{aligned}
&\int_0^{l_0} n\, d\xi = \varphi\, l_0 \qquad \int_0^{l_0} n\, d\zeta = \varphi'\, l_0 \qquad \text{wo } \zeta = l_0 - \xi \\
&\int_0^{l_0} n\,\xi\, d\xi = \psi \frac{l_0^2}{2} \qquad \int_0^{l_0} n\,\zeta\, d\zeta = \psi' \frac{l_0^2}{2} \\
&\int_0^{l_0} n\,\xi^2\, d\xi = \chi \frac{l_0^3}{3} \qquad \int_0^{l_0} n\,\zeta^2\, d\zeta = \chi' \frac{l_0^3}{3}
\end{aligned}\right\} \quad (30)$$

bestehen die Beziehungen:

$$\begin{aligned}
\varphi' &= \varphi & \varphi &= \varphi' \\
\psi' &= 2\varphi - \psi & \psi &= 2\varphi' - \psi' \\
\chi' &= 3\varphi - 3\psi + \chi & \chi &= 3\varphi' - 3\psi' + \chi'
\end{aligned}$$

welche bei der Zahlenrechnung von Wert sind.

Insbesondere ist $\frac{\psi}{2} - \frac{\chi}{3} = \frac{\psi'}{2} - \frac{\chi'}{3}$.

Wenn der Wert von n sich sprungweise von einem konstanten Wert zu einem anderen ändert und wenn n konstant bleibt von $x = a_1$ bis $x = a_2$ $(o < a_1 < a_2 < l_0)$, so lassen sich die Werte φ, ψ, χ unter folgenden einfachen Formen darstellen:

$$\varphi = \Sigma n \frac{a_2 - a_1}{l_0} \qquad \psi = \Sigma n \frac{a_2^2 - a_1^2}{l_0^2} \qquad \chi = \Sigma n \frac{a_2^3 - a_1^3}{l_0^3} \quad (31)$$

Bei den praktischen Rechnungen kommt es sehr häufig vor, für ein Feld mit einer Kurbel, welche symmetrisch zu den Stützen liegt, den Wert $\frac{1}{l_0}\int n\, \mathfrak{M}\, \xi\, d\xi$ zu ermitteln. Zunächst ist für eine auf Mitte Zapfen angreifende Belastung 2 P, nach Maßgabe nebenstehender Figur wegen der Symmetrie

$$\frac{1}{l_0}\int_0^{l_0} n\,\mathfrak{M}\,\xi\,d\,\xi = \int_0^{l} n\,\mathfrak{M}\,d\,\xi$$

$$= P\left\{\frac{f^2}{2}\cdot n + c_1\left(l - \frac{c_1}{2}\right)\cdot n_1\right\}$$

$$= \frac{P\,l^2}{2}\left\{n\,\frac{f^2}{l^2} + n_1\,\frac{c_1\,(2\,l - c_1)}{l^2}\right\} \quad . \quad . \quad . \quad (32)$$

Für zwei je an den Kurbelarmen (resp. um $\pm\varepsilon$ verschoben gedacht, wo lim $\varepsilon = O$) angreifende Kräfte Q ist

$$\frac{1}{l_0}\int_0^{l_0} n\,\mathfrak{M}\,\xi\,d\,\xi$$

$$= Q\left\{\frac{f^2}{2}\cdot n + f_1\cdot c_1\cdot n_1\right\}$$

$$= \frac{Q\,l^2}{2}\left\{n\,\frac{f^2}{l^2} + 2\,n_1\,\frac{f_1\,c_1}{l^2}\right\} \,(33)$$

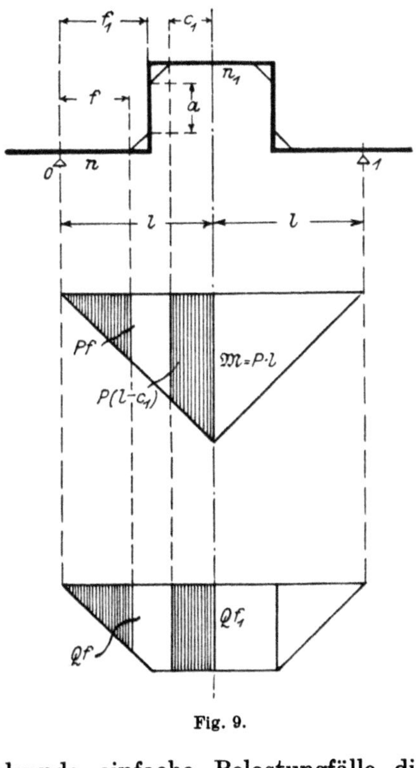

Fig. 9.

Bevor wir an die Untersuchung von mehrfach gelagerten Wellen herantreten, sei zunächst noch die einfache symmetrische gekröpfte Welle, welche in nur zwei Lagern liegt, einer näheren Betrachtung unterzogen und sei außerdem vorausgesetzt konstante Dicke (also auch gleicher Durchmesser für Zapfen und Schenkel). Es seien für folgende einfache Belastungfälle die Neigungswinkel über den Stützen bestimmt.

I. Belastung $2\,P$ auf Mitte Zapfen, wirkend in der Kurbelebene: $n = n_1 = 1$. J_0 Trägheitsmoment der Wellenquerschnitte

$$-E J_0 z_0' = -E J_0 \alpha = \frac{1}{l_0}\int_0^{l_0} n\,\mathfrak{M}\,\zeta\, d\zeta + \sum_0^1 k\,\overline{\mathfrak{M}}\,\frac{q}{l_0}$$

alle anderen Glieder verschwinden.

$$\sum_0^1 k\,\overline{\mathfrak{M}}\,\frac{q}{l_0} = k \cdot P \cdot f_1$$

$$-E J_0 \alpha = \frac{P l^2}{2}\left\{\frac{f^2}{l^2} + \frac{c_1 (2l - c_1)}{l^2}\right\} + P k \cdot f_1.$$

Bemerkenswert ist der Spezialfall $f_1 = \frac{l}{2}$ dann muß auch $c_1 = f$ sein und wird

$$-E J_0 \alpha = \frac{P l^2}{2}\left\{\frac{f^2}{l^2} + \frac{f(2l - f)}{l^2}\right\} + P k \frac{l}{2}$$

$$= P f \cdot l + P k \frac{l}{2} = P l \left(f + \frac{k}{2}\right).$$

II. Belastet man die Kurbel mit je einer Kraft Q auf Mitte Arm so wird

$$\sum_0^1 k\,\overline{\mathfrak{M}}\,\frac{q}{l_0} = k \cdot Q \cdot f_1$$

$$-E J_0 z_0' = -E J_0 \beta = \frac{Q}{2}\left\{f^2 + 2 f_1 c_1\right\} + Q k f_1$$

$$\text{und mit } f_1 = \frac{l}{2} \qquad c_1 = f$$

$$-E J_0 \beta = \frac{Q}{2}\left\{f^2 + l f + l k\right\}.$$

Macht man P $= Q$ und mißt die Winkel α und β, so folgt $-E J_0 (\alpha - \beta) = \frac{P}{2}(l f - f^2)$ woraus f bestimmt werden kann und hiernach k leicht zu ermitteln ist. Die Länge des wirksamen (elastisch) Kurbelarmes findet sich dann

$$a = k \cdot \frac{J_1}{J_0}$$

und ergibt sich hieraus, wie groß die als steif zu betrachtenden Längen der Welle und des Armes sind.

III. Ob dieselben Beträge für die ausgesteiften Ecken auch bei Bestimmung der Werte k', k_0, k_v angenommen werden können, soll in folgendem geprüft werden, wobei lediglich Lasten senkrecht zur Kurbelebene in Betracht kommen sollen. Zunächst sei eine Einzellast $2P$ in der Mitte und zwei gleiche Drehmomente in den Lagern angenommen.

$$\Sigma \overline{O} = 0 \qquad \Sigma \overline{\mathfrak{B}} = 0$$

$$\frac{1}{l_0}\int_0^{l_0} n\,\mathfrak{M}\,\xi\,d\xi = \frac{P}{2}\left\{f^2 + c_1(2l - c_1)\right\}$$

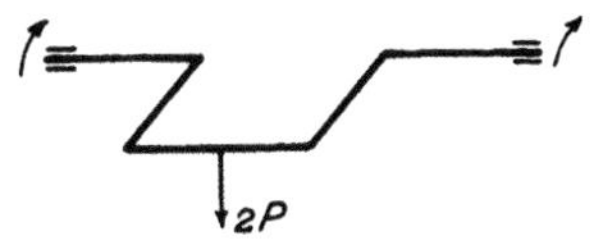

Fig. 10.

$$\sum_0^1 k'\,\overline{\mathfrak{M}}\,\frac{q}{l_0} = k'P\cdot f_1$$

$$-EJ_0\alpha' = \frac{P}{2}\left\{f^2 + c_1(2l - c_1)\right\} + Pk'f_1$$

$$\text{speziell } f_1 = \frac{l}{2},\; c = f$$

$$-EJ_0\alpha' = \frac{P}{2}\cdot 2fl + Pk'\frac{l}{2} = Pl\left(f + \frac{k'}{2}\right).$$

IV. Für zwei Kräfte Q auf Mitte Kurbelarm nach Maßgabe nebenstehender Figur mit zwei gleichen Drehmomenten in den Lagern ist wieder

$$\Sigma \overline{O} = 0 \qquad \Sigma \overline{\mathfrak{B}} = 0$$

$$\frac{1}{l_0}\int_0^{l_0} n\,\mathfrak{M}\,\xi\,d\xi = \frac{Q}{2}\left\{f^2 + 2f_1c_1\right\}$$

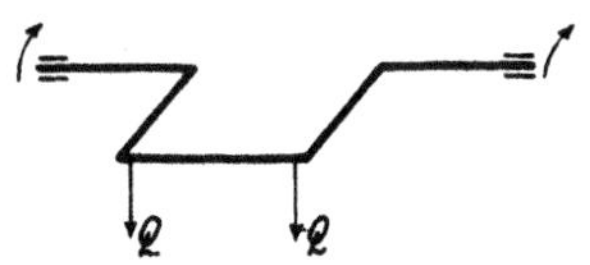

Fig. 11.

$$\sum_0^1 k'\,\overline{\mathfrak{M}}\,\frac{q}{l_0} = k'Q\cdot f_1$$

$$-EJ_0\beta' = \frac{Q}{2}(f^2 + 2f_1c_1) + Qk'f_1$$

$$\text{und mit } f_1 = \frac{l}{2},\; c_1 = f$$

$$-EJ_0\beta' = \frac{Q}{2}(f^2 + lf + lk')$$

und sind aus diesen Beziehungen durch Messung von α' und β' leicht f und k' zu bestimmen und ebenso a.

Insbesondere wäre zu prüfen, ob diese Werte von f und a mit den aus I und II ermittelten Werten f und a annähernd übereinstimmen.

V. Derselbe Belastungsfall wie III, jedoch nur **ein** Drehmoment am linken Auflager, rechtes Auflager ohne Drehmoment.

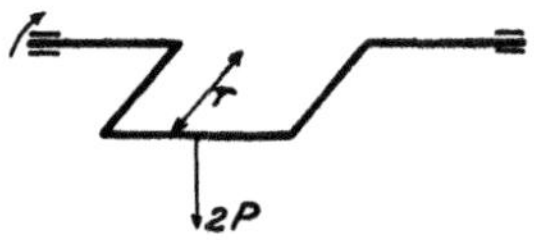

Fig. 12.

$$\Sigma \overline{O} = 2\,P\cdot r \qquad \Sigma \overline{\overline{\mathfrak{B}}} = 0$$

k_0^2 erhält den Faktor -1

$$-E\,J_0\,\alpha'' = P\,l\left(f + \frac{k'}{2}\right) + \frac{k_0^2}{2\,l}\cdot 2\,P\,r$$

$$-E\,J_0\,\alpha'' = P\,l\left(f + \frac{k'}{2}\right) + k_0^2\,\frac{r}{l}\cdot P.$$

Da f und k' aus Fall III und IV bekannt, kann hieraus durch Messung des Winkels α'', k_0^2 bestimmt werden.

VI. Belastungsfall nach nebenstehender Figur (zwei gleiche Drehmomente in den Lagern.)

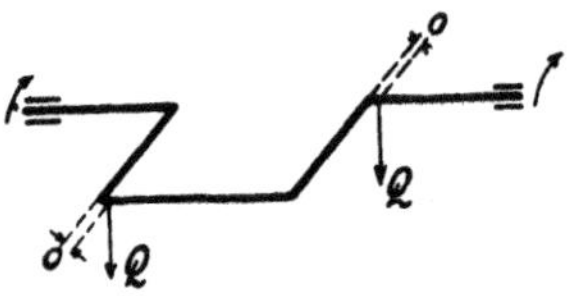

Fig. 13.

$$\Sigma \overline{O} = 0, \quad \Sigma \overline{\overline{\mathfrak{B}}} = Q,$$

k_0^3 Faktor $+1$

$$-EJ_0\,\beta'' = \frac{Q}{2}\,(f^2 + l f + l k') - \frac{k_v^3}{2\,l}\cdot Q$$

liefert eine Beziehung zur Bestimmung von k_v^3 durch Messung des Winkels β''.

Da aus den sechs Belastungsfällen die Werte von a und e bekannt sind, so wäre zu prüfen, wie weit die oben gefundenen Werte von k_0^2 und k_v^3 mit den aus den Gleichungen

$$k_0^2 = \frac{1}{2}\,(a + 2\,e)\;\;(k_c + k'')$$

$$k_v^3 = \frac{1}{2}\,k_c\,(a + 2\,e)^2 + k''\left(\frac{a^2}{3} + a\,e + e^2\right)$$

berechneten übereinstimmen.

Die experimentelle Untersuchung müßte noch durchgeführt werden für den Fall, daß Zapfen und Welle durchbohrt sind, und gesondert für den Fall stark abgeschrägter Ecken der Kurbelarme. (Siehe Fig. 14.)

Als Anwendungsbeispiel sei ferner die Durchbiegung δ einer symmetrischen Zwillingskurbel in der Mitte, bei Belastung des einen Feldes durch eine Anzahl beliebig großer Kräfte P bestimmt, nach Maßgabe nebenstehender Figur. Die Kräfte P seien in der Ebene der beiden Kurbeln wirkend angenommen. Sämtliche Kurbelarme haben gleiche Dimensionen, und wegen symmetrischer Gestalt jedes einzelnen Kurbelfeldes ist

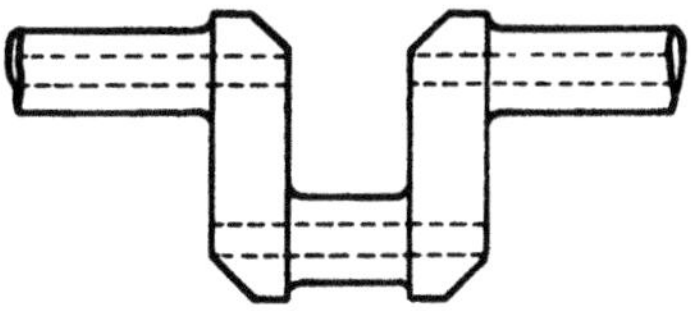

Fig. 14.

$$\sum_0^1 k \frac{p^2}{l_0^2} = \sum_2^3 k \frac{q^2}{l_0^2} = \lambda \cdot k,$$

wo $\lambda = \Sigma \frac{p^2}{l_0^2} = \Sigma \frac{q^2}{l_0^2}$.

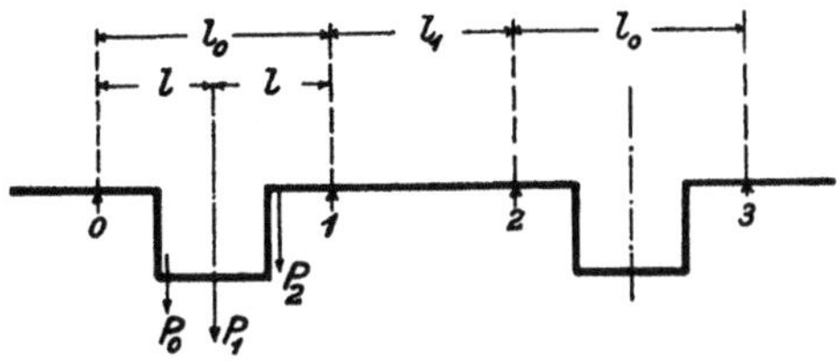

Fig. 15.

Ferner sei $z_0 = z_1 = z_2 = z_3 = 0$ angenommen.

Die Gleichungen zur Bestimmung von M_1 und M_2 (mit $M_0 = M_3 = 0$) werden alsdann durch zweimalige Anwendung von Gleichung 23

$$\text{I.} \quad M_1 \left[\frac{\chi l_0}{3} + \frac{\chi_1' l_1}{3} + \lambda k\right] + M_2 \left[\frac{\psi_1' l_1}{2} - \frac{\chi_1' l_1}{3}\right]$$

$$= -\frac{1}{l_0} \int_0^{l_0} n \mathfrak{M} \xi \, d\xi - k \sum_0^1 \overline{\mathfrak{M}} \frac{p}{l_0}$$

$$\text{II.} \quad M_1 \left[\frac{\psi_1 l_1}{2} - \frac{\chi_1 l_1}{3}\right] \quad + M_2 \left[\frac{\chi_1 l_1}{3} + \frac{\chi' l_0}{3} + \lambda k\right] = 0,$$

worin wegen Symmetrie der ganzen Welle

$$\psi_1' = \psi_1, \quad \chi_1' = \chi_1, \quad \chi' = \chi$$

zu setzen ist.

Nun ist $\delta = + z_1' \cdot \frac{l_1}{2} + u$, wo u die Abweichung der elastischen Linie von der Tangente in 1 für den Mittelpunkt von 1 — 2. Es ist aber

$$-E J_0 z_1' = M_1 \frac{\chi_1 l_1}{3} + M_2 \left(\frac{\psi_1 l_1}{2} - \frac{\chi_1 l_1}{3}\right) \text{ nach Gleichung 25,}$$

und wenn man bezeichnet:

$$\int_0^{\frac{1}{2} l_1} n \, d\xi = \varphi_1'' \frac{l_1}{2} \quad \int_0^{\frac{1}{2} l_1} n \xi \, d\xi = \psi_1'' \frac{l_1^2}{8} \quad \int_0^{\frac{1}{2} l_1} n \xi^2 \, d\xi = \chi_1'' \frac{l_1^3}{24},$$

so ist nach Gleichung 4

$$E J_0 u = M_1 \left[\varphi_1'' \frac{l_1^2}{4} - \psi_1'' \frac{l_1^2}{8}\right] + \frac{M_2 - M_1}{l_1} \left[\psi_1'' \frac{l_1^3}{16} - \chi_1'' \frac{l_1^3}{24}\right]$$

$$\text{da } M = M_1 + \frac{M_2 - M_1}{l_1} \xi,$$

und wegen der Relationen

$$\psi_1 = \varphi_1'', \quad \varphi_1 = \varphi_1'', \quad \chi_1 = \frac{1}{4} \chi_1'' + \frac{3}{2} \left(\varphi_1'' - \frac{1}{2} \psi_1''\right)$$

(weil n für ξ und $l_1 - \xi$ denselben Wert hat),

folgt schließlich:

$$-E J_0 \delta = \psi_1'' \frac{l_1^2}{16} (M_1 + M_2),$$

welches Resultat auch unmittelbar ersichtlich, wenn man berücksichtigt, daß die Momente $M_1 + M_2$ und $M_2 + M_1$ an den Lagerstellen 1, resp. 2 die Durchbiegung 2δ hervorbringen müssen. (Symmetrische Welle Bedingung.)

Aus Gleichung II ergibt sich:

$$M_2 = -M_1 \frac{\frac{1}{4} \psi_1'' - \frac{1}{12} \chi_1''}{\frac{1}{2} \varphi_1'' - \frac{1}{4} \psi_1'' + \frac{1}{12} \chi_1'' + \frac{\chi}{3} \frac{l_0}{l_1} + \lambda \frac{k}{l_1}}$$

und ferner

$$-E J_0 \delta = \psi_1'' \frac{l_1^2}{16} M_1 \frac{\frac{1}{2} \varphi_1'' - \frac{1}{2} \psi_1'' + \frac{1}{6} \chi_1'' + \frac{\chi}{3} \frac{l_0}{l_1} + \lambda \frac{k}{l_1}}{\frac{1}{2} \varphi_1'' - \frac{1}{4} \psi_1'' - \frac{1}{12} \chi_1'' + \frac{\chi}{3} \frac{l_0}{l_1} + \lambda \frac{k}{l_1}}$$

Drückt man jetzt M_1 und M_2 durch δ aus und führt diese Werte in Gleichung I ein, so folgt nach gehöriger Reduktion

$$-\frac{16\,E\,J_0\,\delta}{\psi_1''\,l_1}\left[\frac{1}{2}\varphi_1''+\frac{\chi}{3}\frac{l_0}{l_1}+\lambda\frac{k}{l_1}\right]=-\frac{1}{l_0}\int_0^{l_0} n\,\mathfrak{M}\,\xi\,d\,\xi-k\sum_0^1\overline{\mathfrak{M}}\frac{p}{l_0}$$

und kann man für eine beliebige Belastung des einen Kurbelfeldes die Durchbiegung des Mittelpunktes der Welle leicht zahlenmäßig ermitteln, welche Aufgabe bei Schwungraddynamos bei Untersuchung der Deformation in horizontaler Richtung zu lösen ist (liegende Maschine angenommen).

Zur ferneren Erläuterung des Vorangehenden seien die gewonnenen Resultate zur Ermittelung des Verhaltens der Welle eines Hochofengasmotors von 1050 mm Zyl. Dchm., 1300 mm Hub, 85 minutl. Umdrehungen benutzt (doppeltwirkender Viertakt in Tandem-Anordnung).

Der größte Kolbendruck beträgt $2\,P=225000$ kg, entsprechend einem Gasdruck von ca. 28 kg pro 1 □cm Kolbenfläche. Beim Anlaufen der Maschine wird dieser volle Druck auf den Kurbelzapfen übertragen und ist demgemäß für die Welle in Rechnung zu stellen:

I. für die Anlaufperiode eine Belastung des Kurbelzapfens im Todpunkt von $2\,P=225000$ kg auf Mitte Zapfen konzentriert gedacht und in der Kurbelrichtung (radial) wirkend;

II. sei in dieser Periode noch eine Kolbenstellung bei $5\,^0/_0$ des Kolbenhubes nach dem äußeren Todpunkt betrachtet, und sei angenommen, daß infolge verspäteter Zündung auch hier der Maximalkolbendruck von 225000 kg auftrete.

Für ein Schubstangenverhältnis $\left(\frac{r}{l}\right)=\lambda=\frac{1}{5}$ findet sich der entsprechende Kurbelwinkel φ aus der Relation

$$\cos\varphi=\frac{1}{2}\left(1+\frac{1}{\lambda}-2\,\varepsilon\right)-\frac{\frac{1}{\lambda^2}-1}{2\,(1+\frac{1}{\lambda}-2\varepsilon)},$$

also $\cos\varphi=3-\varepsilon-\frac{6}{3-\varepsilon}$ mit $\varepsilon=0{,}05$ ($5^0/_0$ des Kolbenhubes), der Neigungswinkels der Schubstange ψ aus

$$\sin\psi = \lambda \sin\varphi$$

und ergibt sich $\varphi = 24^0$, $\psi = 4{,}5^0$, $\varphi + \psi = 28{,}5^0$.

Ersetzt man die Werte von

$\sin(\varphi + \psi) = 0{,}477$ annähernd durch 0,5
$\cos(\varphi + \psi) = 0{,}879$ „ „ 0,9,

so ergibt sich eine Belastung des Kurbelzapfens

radial von $0{,}9 \cdot 225000$ ca. 200000 kg,
tangential von $0{,}5 \cdot 225000$ ca. 110000 kg.

Die Welle erhält 3 Lager (2 Kurbellager, 1 Außenlager) und muß eine Schwungraddynamo mit einem Rotorgewicht

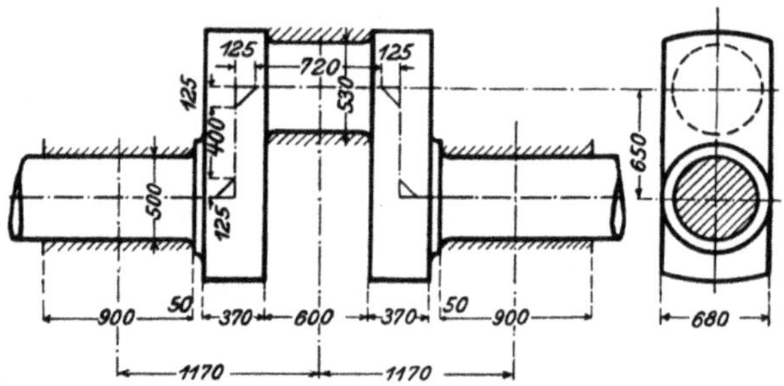

Fig. 16.

von $2\,Q_1 = 82000$ kg aufnehmen. Das Gewicht sei in der Mitte zwischen dem zweiten und dritten Lager konzentriert angreifend gedacht. (Mit Rücksicht auf vereinfachte Rechnung).

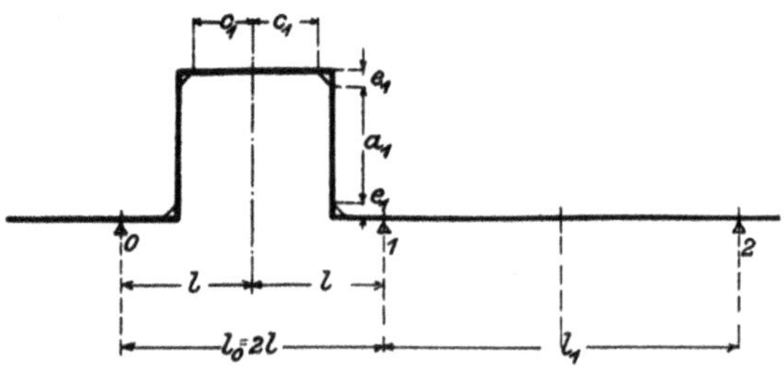

Fig. 17.

Auf Grund überschlägiger Rechnungen ergeben sich unter Annahme der erfahrungsmäßigen Mitteldrucke und Reibungsarbeiten im Betriebszustand die Längen des Kurbelzapfens zu

600 mm, diejenige der Hauptlager zu je 900 mm, und entspricht diesen Längen ein Kurbelblatt nach nebenstehender Skizze. Es stellt dann Fig. 17 die Mittellinie der Welle dar. Von den Dimensionen der Welle in Feld 1 bis 2 sei vorläufig nur die Länge $l_1 = 3200$ mm festgelegt, und wird sich das Nötige zur Bestimmung des Durchmessers im Laufe der Untersuchung ergeben.

Für J_0 sei das Trägheitsmoment des Wellenquerschnittes im Kurbellager angenommen.

Also $J_0 = 306800$ für $d = 50$ cm (Kurbellager).

Ferner $J_c = 387320$ für $d = 53$ cm (Kurbelzapfen)

$$n = \frac{J_0}{J_c} = 0{,}793.$$

Aus den Dimensionen des Kurbelarmes $a_1 = 40$ cm $e_1 = e_1' = 12{,}5$

$$b_1 = 68 \text{ cm}, \; h_1 = 37 \text{ cm folgt } J_1 = \frac{1}{12} \cdot 68 \cdot 37^3 = 286500$$

$$J_1'' = \frac{1}{12} \cdot 37 \cdot 68^3 = 970000$$

$$k_1 = k_1' = \frac{J_0}{J_1} \cdot a_1 = \frac{306800}{286500} \cdot 40 = 43 \text{ cm} \quad \left(\frac{b}{h} \text{ annähernd} = 1{,}85\right)$$

$$k_1'' = \frac{J_0}{J_1''} a_1 = \frac{306800}{970000} \cdot 40 = 12{,}7 \text{ cm}$$

$$k_c = \frac{E}{G} \frac{J_0}{J_c} c_1 = \frac{2{,}2}{0{,}85} \cdot \frac{306800}{387320} \cdot 36 = 73{,}8 \text{ cm}$$

$$k_0^2 = \frac{a_1 + 2e_1}{2} (k_c + k_1'') = 32{,}5\,(12{,}7 + 73{,}8) = 53^2$$

$$k_v^3 = k_1'' \left(\frac{a_1^2}{3} + a_1 e_1 + e_1^2\right) + k_c \frac{1}{2} (a_1 + 2e_1)^2 + \frac{1}{10} \frac{E}{G} k_1'' b_1^2$$

$$= 12{,}7 \cdot 1189 \qquad + 73{,}8 \cdot 2110 \qquad + 3{,}3 \cdot 4630$$

$$k_v^3 = 15100 \qquad + 156000 \qquad + 15300 = 57{,}1^3$$

$$\psi = 1 \cdot \left(\frac{56}{234}\right)^2 + 0{,}793 \frac{72}{234} + 1 \left[1 - \left(\frac{178}{234}\right)^2\right] = 0{,}722$$

$$\chi = 1 \cdot \left(\frac{56}{234}\right)^3 + 0{,}793 \left[\left(\frac{153}{234}\right)^3 - \left(\frac{81}{234}\right)^3\right] + 1 \cdot \left[1 - \left(\frac{178}{234}\right)^3\right]$$
$$= 0{,}763$$

$\sum_0^1 \frac{p}{l_0} = 1 = \sum_0^1 \frac{q}{l_0}, \ \sum_0^1 \frac{p^2}{l_0^2} = 0{,}586 = \sum_0^1 \frac{q^2}{l_0^2}$ wegen Symmetrie des Kurbelblattes.

Mit $M_0 = o = M_2$ und unter Voraussetzung genauer Montage $y_0 = y_1 = y_2 = o = z_0 = z_1 = z_2$ hat man für die Todlage der Kurbel:

$$M_1 \left[\frac{\chi l_0}{3} + \frac{\chi_1' l_1}{3} + k_1 \sum_0^1 \frac{p^2}{l_0^2}\right] = -\frac{1}{l_0}\int_0^{l_0} n \mathfrak{M} \xi \, d\xi - k_1 \sum_0^1 \overline{\mathfrak{M}} \frac{p}{l_0}$$

nach Gleichung (23),

und wenn $z_1' = \beta_1$ gesetzt wird

$$E J_0 \beta_1 = M_1 \left[\frac{\chi l_0}{3} + k_1 \sum_0^1 \frac{p^2}{l_0^2}\right] + \frac{1}{l_0}\int_0^{l_0} n \mathfrak{M} \xi \, d\xi + k_1 \sum_0^1 \overline{\mathfrak{M}} \frac{p}{l_0}$$

nach Gleichung (26).

Für das stark belastete Mittellager muß β_1 möglichst klein bleiben, und sei für die Todlage der Kurbel in der Anlaufperiode die Annahme gemacht $\beta_1 = \frac{1}{2000}$. Im Betriebszustand der Maschine wird sich dieser Wert noch erheblich vermindern. Dann ist in den vorangehenden beiden Gleichungen alles bekannt bis auf M_1 und den Koeffizienten von χ_1', und kann letzterer durch Elimination von M_1 gefunden werden. Es ergibt sich:

$$\chi_1' \frac{l_1}{3}\left[-E J_0 \beta_1 + \frac{1}{l_0}\int_0^{l_0} n \mathfrak{M} \xi \, d\xi + k_1 \sum_0^1 \overline{\mathfrak{M}} \frac{p}{l_0}\right]$$
$$= E J_0 \beta_1 \left[\frac{\chi l_0}{3} + k_1 \sum_0^1 \frac{p^2}{l_0^2}\right].$$

Nach Gleichung (32) wird

$$\frac{1}{l_0}\int_0^{l_0} n\,\mathfrak{M}\,\xi\,d\,\xi = \frac{P\,l^2}{2}\left\{\frac{f^2}{l^2} + n\,\frac{c_1\,(2\,l - c_1)}{l^2}\right\}$$

$$= 0{,}0803\ P\,l_0^{\,2} \text{ mit } l = 117 \text{ cm}, \ f = 56 \text{ cm}.$$

Ferner ist

$$k_1 \sum_0^1 \mathfrak{M}\,\frac{p}{l_0} = k_1\,\frac{P\,l_0}{2}\cdot\frac{68{,}5}{117} = 0{,}0537\ P\,l_0^{\,2}$$

$$\frac{\chi\,l_0}{3} + k_1 \sum_0^1 \frac{p^2}{l_0^{\,2}} = \frac{0{,}763\cdot 234}{3} + 43\cdot 0{,}586 = 84{,}5$$

$$E\,J_0\,\beta_1 = \frac{E\,J_0\,\beta_1}{l_0^{\,2}}\cdot l_0^{\,2} = 6170\ l_0^{\,2}$$

$$\frac{\chi_1'\,l_1}{3}\left[\begin{array}{r} -\,6170 + 0{,}0803\cdot 113000\cdot \\ +\,0{,}0537\cdot 113000 \end{array}\right] = 6170\cdot 84{,}5,$$

woraus $\frac{\chi_1'\,l_1}{3} = 57{,}5$ cm entsprechend $\chi_1' = 0{,}539$.

Es wird ferner $\frac{\chi\,l_0}{3} + \frac{\chi_1'\,l_1}{3} + k_1 \sum_0^1 \frac{p^2}{l_0^{\,2}} = 142{,}2$ cm.

Es sei hier noch besonders bemerkt, daß für die Kurbeltodlage die Dimensionierung des Feldes 1 — 2 im übrigen gleichgültig ist, wenn nur der Wert von $\chi_1'\,l_1$ eingehalten wird, da auf den Teil 1 — 2 keine Horizontalkräfte wirken und deshalb $\chi_1'\,l_1$ der einzige Wert in der Gleichung für M_1 ist, der von den Dimensionen des Teils 1 — 2 abhängt.

Um ein Urteil darüber zu erhalten, ob bei den gemachten Annahmen die Federung in der Mitte des Feldes 1 bis 2 nicht zu groß wird, sei vorläufig der Schaft 1 — 2 außerhalb der Lagerstellen von konstanter Dicke angenommen, so daß die Länge l_1 sich zusammensetzt aus einem Mittelstück von 230 cm nebst 2 Endstücken von je 45 cm Länge.

Bei 50 cm Durchmesser der Enden ergibt sich aus der Bedingung $\chi_1' = 0{,}539$ des Durchmessers des Mittelstückes zu 69,6 cm ($n = 0{,}268$).

Die Durchbiegung in der Mitte findet sich, wie schon früher bei dem Beispiel über die Zwillingswelle gezeigt

$$-E J_0 \delta = \psi_1'' \frac{l_1^2}{16} M_1.$$

$$\text{Mit } \psi_1'' = 1 \cdot \left(\frac{45}{160}\right)^2 + 0{,}268 \left[1 - \left(\frac{45}{160}\right)^2\right] = 0{,}325$$

$$M_1 \cdot 142{,}2 = -(0{,}0803 + 0{,}0537)\ P l_0^2 = -15200\, l_0^2$$

$$\delta = 0{,}325 \frac{320^2 \cdot 15200 \cdot 234^2}{16 \cdot 142{,}2 \cdot 2200000 \cdot 306800} = 0{,}018 \text{ cm.}$$

Diese Durchbiegung, welche sich für den gefundenen Wert von χ_1' ergibt, unter Annahme eines konstanten Durchmessers von 69,6 cm im Feld 1 — 2 außerhalb der Lager, wird sich bei anderer Formgebung des Schaftes 1 — 2 nur mäßig ändern und zeigt sich schon jetzt, daß die obige Annahme von β_1 auch bezüglich der Durchbiegung am Schwungradsitz zu Bedenken keinen Anlaß gibt.

Da M_1 bekannt, können die Materialanstrengungen des Kurbelfeldes für die Todlage leicht berechnet werden.

Im Falle II (5 %) nach Todpunkt) hat man zu betrachten:

A) das System der Radialkräfte:

herrührend vom Kolben 200000 kg,

„ „ Rotor $2Q_1 \sin\varphi = 33400$ kg mit $\varphi = 24^0$;

B) das System der Tangentialkräfte:

herrührend vom Kolben 110000 kg,

„ „ Rotor $2Q_1 \cos\varphi = 75000$ kg

mit dem entgegengesetzten Sinn wie die Komponente der Kolbenkraft, während die Kräfte unter A denselben Sinn haben.

Zur Bestimmung der Komponenten der Stützenmomente auf Mitte Lager 1 werden noch benötigt die Werte

$$\frac{k_0^2}{l_0} = \frac{53^2}{234} = 12 \text{ cm}, \quad \frac{k_v^3}{l_0^2} = \frac{57{,}1^3}{234^2} = 3{,}4 \text{ cm}$$

und ist dann $\frac{\chi l_0}{3} + \frac{\chi_1' l_1}{3} + \sum_0^1 k \frac{p^2}{l_0^2} + \sum_0^1 \frac{k_v^3}{l_0^2}$

$$= 59{,}5 + 57{,}5 + 25{,}2 + 6{,}8 = 142{,}2 + 6{,}8 = 149$$

und sieht man aus den Größenverhältnissen der einzelnen Summanden, daß in den Koeffizienten der M von Gleichung 23 die $\frac{k_v^3}{l_0^2}$ in vielen Fällen, wenigstens für erste Annäherungen vernachlässigt werden können.

Zur Orientierung bezüglich der Vorzeichen sei das räumliche Koordinatensystem festgelegt wie folgt:

Koordinatenanfang: Lager 0,
positive x-Achse: Richtung 0 2,
,, xz-Ebene: Kurbelebene,

ferner die Komponente der Kolbenkraft nach der y-Achse positiv. Es wäre also in Fig. 17 die Halbebene des Papiers mit der Kurbelmittellinie die positive xz-Ebene und darauf $\perp$ nach dem Beschauer zugerichtet die positive y-Achse.

Man hat dann:

$$\sum_0^1 \overline{O} = 0 - 110000 \cdot 65, \quad \sum_0^1 \overline{\mathfrak{W}} = 0 \quad \sum_0^1 \overline{\mathfrak{V}} = 0.$$

Die Ermittelung von $\frac{1}{l_1}\int_0^{l_1} n\,\mathfrak{M}\,\zeta\,d\zeta$ gestaltet sich sehr einfach im vorliegenden Falle wegen der Symmetrie des Wellenstückes 1 — 2. Für eine Einzelkraft $2Q$ auf Wellenmitte ist für

$$0 < \xi < \frac{l_1}{2}, \quad \mathfrak{M} = Q_1 \frac{l_1}{2} \cdot \frac{\xi}{\frac{l_1}{2}} = Q_1 \xi$$

und $\int_0^{l_1} n\,\mathfrak{M}\,\zeta\,d\zeta = 2 \cdot \frac{l_1}{2} \int_0^{\frac{l_1}{2}} n\,\mathfrak{M}\,d\xi = l_1 \int_0^{\frac{l_1}{2}} n\,Q_1\,\xi\,d\xi = Q_1\,l_1 \int_0^{\frac{l_1}{2}} n\,\xi\,d\xi$

$$\frac{1}{l_1}\int_0^{l_1} n\,\mathfrak{M}\,\zeta\,d\zeta = Q_1 \psi_1'' \frac{l_1^2}{8}$$

Für die Radialkräfte hat man daher:

$$M_1 \cdot 142{,}2 = -0{,}0803 \cdot 100000 \cdot 234^2 - 0{,}325 \cdot 16700 \cdot \frac{320^2}{8}$$
$$-0{,}0537 \cdot 100000 \cdot 234^2$$
$$= -440 \cdot 10^6 - 69{,}4 \cdot 10^6 - 295 \cdot 10^6 = -804{,}4 \cdot 10^6$$

woraus $M_1 = -5{,}65 \cdot 10^6$.

Für die Tangentialkräfte ergibt sich:

$$N_1 \cdot 149 = -0{,}0803 \cdot 55000 \cdot 234^2 + 0{,}325 \cdot 37500 \cdot \frac{320^2}{8}$$
$$-0{,}0537 \cdot 55000 \cdot 234^2 - 12 \cdot 110000 \cdot 65$$
$$= -242 \cdot 10^6 + 156 \cdot 10^6 - 162 \cdot 10^6 - 86 \cdot 10^6$$
$$= -334 \cdot 10^6$$
$$N_1 = -2{,}24 \cdot 10^6.$$

Das resultierende Biegungsmoment auf Mitte Lager wird

$$\sqrt{M_1{}^2 + N_1{}^2} = 6{,}07 \cdot 10^6.$$

Man hat also daselbst eine Biegungspannung

$$\sigma_b = \frac{6{,}07 \cdot 10^6}{12300} = 493 \text{ kg} \square \text{cm},$$

Die Schubspannung ist $\tau = \frac{110000 \cdot 65}{2 \cdot 12300} = 291$ kg $\square$cm

und die größte Materialanstrengung

$$0{,}35\, \sigma_b + 0{,}65 \sqrt{\sigma_b{}^2 + 4\tau^2} = 669 \text{ kg} \square \text{cm}.$$

Um die Anstrengungen im mittleren Querschnitt des Kurbelzapfens zu finden, hat man zunächst:

$$\text{Radial } \mathfrak{M} = 100000 \cdot 117 = 11{,}7 \cdot 10^6$$
$$\text{Tangential } \mathfrak{N} = 55000 \cdot 117 = 6{,}44 \cdot 10^6,$$

$$\text{oder } M = \frac{1}{2} M_1 + \mathfrak{M} = 8{,}88 \cdot 10^6$$

$$N = \frac{1}{2} N_1 + \mathfrak{N} = 5{,}32 \cdot 10^6$$

$$\sqrt{M^2 + N^2} = 10{,}35 \cdot 10^6 \qquad \sigma_b = \frac{10{,}35 \cdot 10^6}{14600} = 709 \text{ kg} \square \text{cm}.$$

Der Kurbelzapfen wird außerdem auf Torsion beansprucht durch das Moment O', welches leicht aus dem Lagerdruck bei O erhalten werden kann, und ist derselbe

$$W_{10} = -\frac{N_1 - N_0}{l_0} + \mathfrak{W}_{10} = \frac{2{,}24 \cdot 10^6}{234} - 55000 = -45400$$

$$O' = -45400 \cdot 65 = -2{,}95 \cdot 10^6$$

$$\tau = 102 \text{ kg } \square\text{cm, result. Anstrengung} = 727 \text{ kg } \square\text{cm.}$$

Diese Werte werden erhalten unter Voraussetzung genauer Montage ($y_0 = y_1 = y_2$, $z_0 = z_1 = z_2$), und liegt es nahe, noch zu untersuchen, für welche Werte von $\frac{z_0 - z_1}{l_0} - \frac{z_1 - z_2}{l_1}$ usw. die vollen Werte von $\mathfrak{M}$ auf Mitte Kurbelzapfen zur Wirkung kommen. Zu diesem Zwecke sei die Lage des Mittellagers relativ zu den Außenlagern betrachtet und gesetzt $z_0 = z_2 = 0$, $z_1 = \delta$, $y_0 = y_2 = 0$, $y_1 = \Delta$, so ist die Frage: für welche Werte von δ und Δ werden $M_1 = 0$, $N_1 = 0$? Es muß sein:

$$-E J_0 \delta \left(\frac{1}{l_0} + \frac{1}{l_1}\right) = 804{,}4 \cdot 10^6$$

woraus mit $\frac{l_0 l_1}{l_0 + l_1} = \frac{234 \cdot 320}{554} = 136$ sich ergibt $-\delta = 0{,}16$ cm.

Senkrecht zur Kurbelebene muß sein:

$$+E J_0 \Delta \left(\frac{1}{l_0} + \frac{1}{l_1}\right) = 334 \cdot 10^6 \qquad \Delta = 0{,}07 \text{ cm.}$$

Die Ermittelung der Materialanstrengung für diesen Fall bietet keine neuen Gesichtspunkte, und sei nur noch die Ermittelung der Lagerdrücke von Lager 1 und 2 für den Fall genauer Montage durchgeführt.

Es ist $V_{01} = \frac{M_1 - M_0}{l_0} + \mathfrak{B}_{01}$ für das System der Radialkräfte,

$$V_{01} = -\frac{5{,}65 \cdot 10^6}{234} - 100000 = -124100$$

$$V_{21} = +\frac{5{,}65 \cdot 10^6}{320} + 16700 = 34300$$

mithin $R_1 = V_{21} - V_{01} = 158400$ für das Mittellager. Tangential hat man:

$$W_{01} = -\frac{N_1 - N_0}{l_0} + \mathfrak{W}_{01} = \frac{2{,}24 \cdot 10^6}{234} + 55000 = 64600$$

$$W_{21} = -\frac{N_2 - N_1}{l_1} + \mathfrak{W}_{21} = -\frac{2{,}24 \cdot 10^6}{320} + 37500 = 30500$$

$$S_1 = W_{21} - W_{01} = -34100.$$

Resultierender Lagerdruck $= 162000$ kg.

Für Außenlager (2) hat man:

$$V_{12} = \frac{M_2 - M_1}{l_1} + \mathfrak{V}_{12} = \frac{5{,}65 \cdot 10^6}{320} - 16\,700 = 930 \text{ kg.}$$

$$W_{12} = -\frac{N_2 - N_1}{l_1} + \mathfrak{W}_{12} = -\frac{2{,}24 \cdot 10^6}{320} - 37500 = -44500.$$

Resultierender Lagerdruck $= 44500$ kg.

Um das Verhalten einer Kurbelwelle für eine Folge von Kräftesystemen (Kräftediagramm des Betriebszustandes) zu untersuchen, wird es zweckmäßig sein, die Stützenmomente für je eine Einzelkraft 1, parallel zur Kurbelebene und $\perp$ dazu, angreifend an den Zapfen, Sitzstellen der Schwungräder usw. aufzustellen, die wirkliche Größe durch Multiplikation mit P zu ermitteln und die Resultate schließlich zu addieren. Ein Diagramm der Momente M und N längs der ganzen Wellenmittellinie mit den Überlagerungen an den Kurbelarmen wird die Ermittelung aller Deformationen bedeutend erleichtern.

Schließlich sei noch untersucht, in welchem Maße eine nachträgliche Veränderung des Wellenschaftes $1 - 2$ die vorliegenden Resultate beeinflußt, insbesondere, welchen Einfluß diese Veränderung bei konstantem χ_1' auf den Wert von $\int_0^{l_1} n \mathfrak{M} \zeta \, d\zeta$ ausübt.

Zu diesem Zweck sei das Wellenprofil nach Fig. 18 für das Feld $1 - 2$ zugrunde gelegt. Man hat alsdann

$$\chi_1' = 1\left(\frac{45}{320}\right)^3 + n_1\frac{70^3-45^3}{320^3} + n_2\frac{250^3-70^3}{320^3} + n_1\frac{275^3-250^3}{320^3} + 1\,\frac{320^3-275^3}{320^3}$$

$$\chi_1' = 0{,}370 + 0{,}165\,n_1 + 0{,}466\,n_2$$

$$\frac{1}{l_1}\int_0^{l_1} n\,\mathfrak{M}\,\zeta\,d\,\zeta = \psi_1''\,Q_1\,\frac{l_1^2}{8}\quad\text{mit}$$

$$\psi_1'' = 1\cdot\left(\frac{45}{160}\right)^2 + n_1\frac{70^2-45^2}{160^2} + n_2\frac{160^2-70^2}{160^2}$$

$$\psi_1'' = 0{,}079 + 0{,}112\,n_1 + 0{,}809\,n_2.$$

Soll nun z. B. beibehalten werden $\chi_1' = 0{,}539$, wie es der ganzen Untersuchung zugrunde gelegt wurde, und wählt man $n_1 = 0{,}483$ entsprechend einem Durchmesser von 60 cm, so muß werden $n_2 = 0{,}191$ entsprechend einem Durchmesser von 75,7 cm und würde damit $\psi_1'' = 0{,}285$.

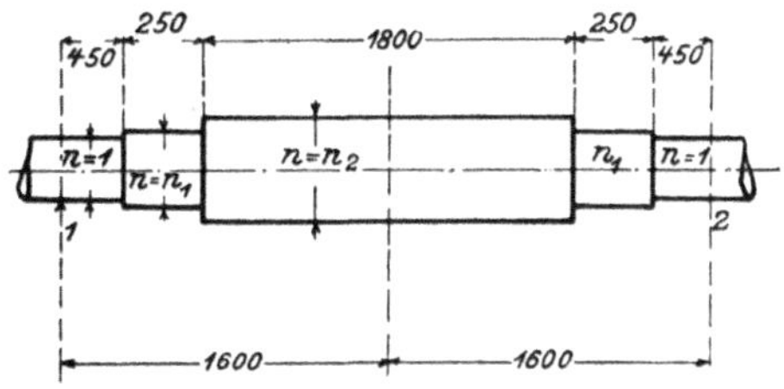

Fig. 18.

Durch Substitution dieses Wertes von ψ_1'' an Stelle des ursprünglich angenommenen $\psi_1'' = 0{,}325$ in den Bestimmungsgleichungen für M_1 und N_1 würde sich der Wert von M_1 um nur 1 %, derjenige von N_1 um ca. 5 % ändern. Will man diesen letzteren Fehler zulassen, so braucht eine Korrektur der erhaltenen Resultate nicht einzutreten, eventuell könnte der letztgenannte Betrag noch etwas herabgezogen werden, wenn man die Veränderung von ψ_1'' etwas geringer macht und dagegen χ_1' um einen kleinen Betrag verändert.

Es kann also mit guter Annäherung die Festigkeit einer Kurbelkröpfung diskutiert werden, ohne daß der übrige Teil der Welle in allen Einzelheiten festgelegt ist, wenn nur für diesen Teil gewisse Bedingungen angenommen werden, welche später bei genauerer Dimensionierung annähernd eingehalten werden.

Endlich sei noch gezeigt, in welcher Weise sich die Gleichungen (23), (25) und (26) modifizieren für den einfachsten Fall der Welle mit Kröpfungen, deren Ebenen beliebige Winkel miteinander einschließen, nämlich in dem Falle, auf den schon bei den Beziehungen (16) hingewiesen wurde, und der charakterisiert ist durch die Beziehungen $k_p = k'_p$, d. h. für jeden Kurbelarm ist das Verhältnis der Querschnittdimensionen

$$\frac{b}{h} = 1{,}85. \left(\begin{matrix} E = 2200000 \\ G = 850000 \end{matrix}\right).$$

Die Gleichungen (16) vereinfachen sich dann in (34)

$$E J_0 v = \int_{x_0}^{x} (x - \xi)\, n\, M\, d\xi + \Sigma k_p M_p (x - x_p)$$
$$+ \Sigma k_0{}^2 \sin\varphi\, \overline{O} - \Sigma k_v{}^3 \sin^2\varphi\, \overline{V} + \frac{1}{2} \Sigma k_v{}^3 \sin 2\varphi\, \overline{\overline{W}}$$

$$E J_0 w = \int_{x_0}^{x} (x - \xi)\, n\, N\, d\xi + \Sigma k_p N_p (x - x_p)$$
$$+ \Sigma k_0{}^2 \cos\varphi\, \overline{O} - \frac{1}{2} \Sigma k_v{}^3 \sin 2\varphi\, \overline{V} + \Sigma k_v{}^3 \cos^2\varphi\, \overline{\overline{W}}$$

Um die Gleichungen (23) etwas bequemer zu schreiben, sei bezeichnet:

$$\left.\begin{matrix} \dfrac{\psi l_0}{2} + \sum\limits_0^1 k \dfrac{p}{l_0} = s_{01}, & \dfrac{\psi' l_0}{2} + \sum\limits_0^1 k \dfrac{q}{l_0} = s_{10} \\ \dfrac{\chi l_0}{3} + \sum\limits_0^1 k \dfrac{p^2}{l_0{}^2} = t_{01}, & \dfrac{\chi' l_0}{3} + \sum\limits_0^1 k \dfrac{q^2}{l_0{}^2} = t_{10} \end{matrix}\right\} \quad . \quad . \quad (35)$$

und bestehen dann zwischen diesen Größen noch die Relationen

$$s_{01} - t_{01} = s_{10} - t_{10}$$
$$s_{01} - s_{10} = t_{01} - t_{10}$$
$$s_{01} + s_{10} = \varphi l_0 + \sum_0^1 k.$$

Ferner sei

$$\int_0^{l_0} n\,\mathfrak{M}\,\xi\,d\xi + \sum_0^1 k\overline{\mathfrak{M}}\,p = S_{01}, \quad \int_0^{l_0} n\,\mathfrak{M}\,\zeta\,d\zeta + \sum_0^1 k\overline{\mathfrak{M}}\,q = S_{10} \quad (36)$$

und sind S_{10} bzw. S_{01} die statischen Momente der von den Rechtecken $k\overline{\mathfrak{M}}$ über den Kurbelarmen überlagerten Momentenfläche $n\,\mathfrak{M}$ in bezug auf Stützpunkt 0 bzw. 1, wie schon bei Gleichung (18) erläutert wurde.

Die Gleichungen (23), (25) und (26) lauten alsdann:

$$\left.\begin{aligned} &M_0\left[s_{01} - t_{01} - \sum_0^1 \frac{k_v^3}{l_0^2}\right] + M_1\left[t_{01} + t_{10} + \sum_0^1 \frac{k_v^3}{l_0^2} + \sum_1^2 \frac{k_v^3}{l_1^2}\right] \\ &\qquad + M_2\left[s_{21} - t_{21} - \sum_1^2 \frac{k_v^3}{l_1^2}\right] \\ &= E\,J_0\left[\frac{z_0 - z_1}{l_0} - \frac{z_1 - z_2}{l_1}\right] - \frac{1}{l_0} S_{01} - \frac{1}{l_1} S_{21} - \frac{1}{l_0}\sum_0^1 k_o^2\,\overline{O} \\ &\qquad + \frac{1}{l_1}\sum_1^2 k_0^2\,\overline{O} - \frac{1}{l_0}\sum_0^1 k_v^3\,\overline{\mathfrak{B}} + \frac{1}{l_1}\sum_1^2 k_v^3\,\overline{\mathfrak{B}} \end{aligned}\right\} \quad (37)$$

$$\left.\begin{aligned} &-E\,J_0\,z_0' = E\,J_0\,\frac{z_0 - z_1}{l_0} + M_0\left[t_{10} + \sum_0^1 \frac{k_v^3}{l_0^2}\right] \\ &+ M_1\left[s_{10} - t_{10} - \sum_0^1 \frac{k_v^3}{l_0^2}\right] + \frac{1}{l_0} S_{10} - \frac{1}{l_0}\sum_0^1 k_o^2\,\overline{O} - \frac{1}{l_0}\sum_0^1 k_v^3\,\overline{\mathfrak{B}} \end{aligned}\right\} \quad (38)$$

$$\left.\begin{aligned} &+E\,J_0\,z_1' = E\,J_0\,\frac{z_1 - z_0}{l_0} + M_0\left[s_{01} - t_{01} - \sum_0^1 \frac{k_v^3}{l_0^2}\right] \\ &+ M_1\left[t_{01} + \sum_0^1 \frac{k_v^3}{l_0^2}\right] + \frac{1}{l_0} S_{01} + \frac{1}{l_0}\sum_0^1 k_o^2\,\overline{O} + \frac{1}{l_0}\sum_0^1 k_v^3\,\overline{\mathfrak{B}} \end{aligned}\right\} \quad (39)$$

Auf genau demselben Wege wie bei Herleitung von Gleichung (23) etc. erhält man aus den Gleichungen (34) die allgemeineren Beziehungen:

$$
\left.\begin{aligned}
& M_0\left[s_{01}-t_{01}-\sum_0^1\frac{k_v{}^3}{l_0{}^2}\sin^2\varphi\right] \\
& \quad +M_1\left[t_{01}+t_{10}+\sum_0^1\frac{k_v{}^3}{l_0{}^2}\sin^2\varphi+\sum_1^2\frac{k_v{}^3}{l_1{}^2}\sin^2\varphi\right] \\
& \quad +M_2\left[s_{21}-t_{21}-\sum_1^2\frac{k_v{}^3}{l_1{}^2}\sin^2\varphi\right]-N_0\frac{1}{2}\sum_0^1\frac{k_v{}^3}{l_0{}^2}\sin 2\varphi \\
& \quad +N_1\frac{1}{2}\left[\sum_0^1\frac{k_v{}^3}{l_0{}^2}\sin 2\varphi+\sum_1^2\frac{k_v{}^3}{l_1{}^2}\sin 2\varphi\right] \\
& \quad -N_2\frac{1}{2}\sum_1^2\frac{k_v{}^3}{l_1{}^2}\sin 2\varphi=E J_0\left[\frac{z_0-z_1}{l_0}-\frac{z_1-z_2}{l_1}\right] \\
& \quad -\frac{1}{l_0}S_{01}-\frac{1}{l_1}S_{21}+\frac{1}{l_0}\sum_0^1 k_0{}^2\sin\varphi\,\overline{O}-\frac{1}{l_1}\sum_1^2 k_0{}^2\sin\varphi\,\overline{O} \\
& \quad -\frac{1}{l_0}\sum_0^1 k_v{}^3\sin^2\varphi\,\overline{\overline{\mathfrak{V}}}+\frac{1}{l_1}\sum_1^2 k_v{}^3\sin^2\varphi\,\overline{\overline{\mathfrak{V}}} \\
& \quad +\frac{1}{2l_0}\sum_0^1 k_v{}^3\sin 2\varphi\,\overline{\overline{\mathfrak{W}}}-\frac{1}{2l_1}\sum_1^2 k_v{}^3\sin 2\varphi\,\overline{\overline{\mathfrak{W}}}
\end{aligned}\right\}\quad (40)
$$

$$
\left.\begin{aligned}
& N_0\left[s_{01}-t_{01}-\sum_0^1\frac{k_v{}^3}{l_0{}^2}\cos^2\varphi\right] \\
& \quad +N_1\left[t_{01}+t_{10}+\sum_0^1\frac{k_v{}^3}{l_0{}^2}\cos^2\varphi+\sum_1^2\frac{k_v{}^3}{l_1{}^2}\cos^2\varphi\right] \\
& \quad +N_2\left[s_{21}-t_{21}-\sum_1^2\frac{k_v{}^3}{l_1{}^2}\cos^2\varphi\right]+M_0\frac{1}{2}\sum_0^1\frac{k_v{}^3}{l_0{}^2}\sin 2\varphi \\
& \quad -M_1\frac{1}{2}\left[\sum_0^1\frac{k_v{}^3}{l_0{}^2}\sin 2\varphi+\sum_1^2\frac{k_v{}^3}{l_1{}^2}\sin 2\varphi\right] \\
& \quad +M_2\frac{1}{2}\sum_1^2\frac{k_v{}^3}{l_1{}^2}\sin 2\varphi=E J_0\left[-\frac{y_0-y_1}{l_0}+\frac{y_1-y_2}{l_1}\right] \\
& \quad -\frac{1}{l_0}T_{01}-\frac{1}{l_1}T_{21}+\frac{1}{l_0}\sum_0^1 k_0{}^2\cos\varphi\,\overline{O} \\
& \quad -\frac{1}{l_1}\sum_1^2 k_0{}^2\cos\varphi\,\overline{O}+\frac{1}{l_0}\sum_0^1 k_v{}^3\cos^2\varphi\,\overline{\overline{\mathfrak{W}}} \\
& \quad -\frac{1}{l_1}\sum_1^2 k_v{}^3\cos^2\varphi\,\overline{\overline{\mathfrak{W}}} \\
& \quad -\frac{1}{2l_0}\sum_0^1 k_v{}^3\sin 2\varphi\,\overline{\overline{\mathfrak{V}}}+\frac{1}{2l_1}\sum_1^2 k_v{}^3\sin 2\varphi\,\overline{\overline{\mathfrak{V}}}
\end{aligned}\right\}\quad (41)
$$

worin S_{01}, S_{21} in bezug auf die Momentenfläche $\mathfrak{M}$, T_{01}, T_{21} in bezug auf die Momentenfläche $\mathfrak{N}$ zu verstehen sind.

Ferner hat man

$$\left.\begin{aligned} -EJ_0 z_0' = EJ_0 \frac{z_0 - z_1}{l_0} + M_0 \left[t_{10} + \sum_0^1 \frac{k_v^3}{l_0^2} \sin^2\varphi\right] \\ + M_1 \left[s_{10} - t_{10} - \sum_0^1 \frac{k_v^3}{l_0^2} \sin^2\varphi\right] - \frac{N_1 - N_0}{2} \sum_0^1 \frac{k_v^3}{l_0^2} \sin 2\varphi \\ + \frac{1}{l_0} S_{10} + \frac{1}{l_0} \sum_0^1 k_0^2 \sin\varphi\, \overline{O} - \frac{1}{l_0} \sum_0^1 k_v^3 \sin^2\varphi\, \overline{\mathfrak{B}} \\ + \frac{1}{2 l_0} \sum_0^1 k_v^3 \sin 2\varphi\, \overline{\overline{\mathfrak{W}}} \end{aligned}\right\} \quad (42)$$

$$\left.\begin{aligned} EJ_0 y_0' = -EJ_0 \frac{y_0 - y_1}{l_0} + N_0 \left[t_{10} + \sum_0^1 \frac{k_v^3}{l_0^2} \cos^2\varphi\right] \\ + N_1 \left[s_{10} - t_{10} - \sum_0^1 \frac{k_v^3}{l_0^2} \cos^2\varphi\right] \\ - \frac{M_1 - M_0}{2} \sum_0^1 \frac{k_v^3}{l_0^2} \sin 2\varphi + \frac{1}{l_0} T_{10} + \frac{1}{l_0} \sum_0^1 k_0^2 \cos\varphi\, \overline{O} \\ - \frac{1}{2 l_0} \sum_0^1 k_v^3 \sin 2\varphi\, \overline{\overline{\mathfrak{B}}} + \frac{1}{l_0} \sum_0^1 k_v^3 \cos^2\varphi \cdot \overline{\overline{\mathfrak{W}}} \end{aligned}\right\} \quad (43)$$

Zu bemerken ist noch, daß in Gleichung (40) die Koeffizienten von N_0, N_1 und N_2, in Gleichung (41) die Koeffizienten von M_0, M_1 und M_2 relativ klein sind (insbesondere wenn das Koordinatensystem so gewählt werden kann, daß die φ nur wenig von 0 oder $\frac{\pi}{2}$, π, $\frac{3\pi}{2}$ verschieden) und daher die betr. Glieder ohne bedeutenden Fehler vernachlässigt werden können. Damit aber zerfällt das System der Gleichungen (40) bis (41) in zwei Systeme von der einfacheren Form (37), und wird man von dieser einfacheren Form in den meisten Fällen der auszuführenden Zahlenrechnungen Gebrauch machen.

Nach den gegebenen Entwickelungen ist es möglich, das Verhalten einer Kurbelwelle mit beliebig vielen Kröpfungen und Lagern rein rechnerisch auf Grund der Kräftereduktion für die gegebenen Belastungen, ohne wiederholte Zuhilfenahme der Vorstellung von der deformierenden Wirkung der Kräfte auf die Einzelteile der materiellen Wellenmittellinie, zu untersuchen.

Zwecks genauer Bestimmung der wirklich eintretenden Deformation bleibt jedoch noch experimentell festzustellen:

I. das Verhalten der Ecken beim Ansatz der Kurbelarme an Schaft und Zapfen;

II. die Gültigkeit der Gleichungen

$$E J_0 \varphi = \int n M \, d\xi \qquad E J_0 u = \int n M (x - \xi) \, d\xi$$

mit Rücksicht auf plötzliche Veränderungen des Wellenquerschnittes; insbesondere die Bewertung des variablen Faktors n in der Nachbarschaft der Übergangsstellen, welche bei guten, praktischen Ausführungen stets durch Hohlkehlen von genügendem Radius gebildet werden.

Additional material from *Beitrag zur Bestimmung der Formveränderung gekröpfter Kurbelwellen,*
ISBN 978-3-662-39234-8, is available at http://extras.springer.com

GPSR Compliance

The European Union's (EU) General Product Safety Regulation (GPSR) is a set of rules that requires consumer products to be safe and our obligations to ensure this.

If you have any concerns about our products, you can contact us on ProductSafety@springernature.com

In case Publisher is established outside the EU, the EU authorized representative is:

Springer Nature Customer Service Center GmbH
Europaplatz 3
69115 Heidelberg, Germany

Batch number: 10682411

Printed by Printforce, the Netherlands